金商道

The positive thinker sees the invisible, feels the intangible, and achieves the impossible.

惟正向思考者，能察於未見，感於無形，達於人所不能。 —— 佚名

億萬社長
高獲利經營術

電商老闆賣愈少、賺愈多，
還能活過零營收的祕密

下勝壽————著

————譯

一堂全日本
老闆搶修的
經營課

売上最小化、利益最大化の法則
——利益率 29％経営の秘密

商業周刊
金商道

億萬社長高獲利經營術
目次 CONTENTS

Chapter 1

零銷售收入也能存活的「無收入壽命」思考方式

Chapter 2

從銷貨收入作業系統轉換為利益作業系統！銷貨收入最小化、利益最大化的法則

Chapter 3

一目了然公司弱點的「五階段利益管理」

Chapter 5

實現利益率 **29%** 的銷售戰略

Chapter **6**

緊抓住粉絲且讓他們永不變心的「演歌戰略」

Chapter *7*

無經驗也能持續提升利益的人才戰略

Chapter 8

實現銷貨收入 **1,000** 億日圓、
利益 **300** 億日圓目標的戰略

推薦序

最好的社會公益就是公司賺錢、回饋社會

林明樟（MJ）

　　最好的社會公益就是經營的企業能夠滿足客戶需求又能誠實地持續賺錢。如果經營一家公司能合法、合理誠實賺錢，代表我們能為社會創造更多高薪的就業機會、繳交更多營所稅給政府進行各項國家重大建設，間接達到全社會共榮共享更高層次的社會回饋。所以，從此視角出發，其實最好的社會公益就是讓自己經營的公司能持續賺錢、回饋社會。

　　那接下來的問題就是：經營企業賺錢容不容易？提供幾個數字讓讀者參考：在我的財經資料庫中，全台灣的上市櫃公司共有 1,757 家，其中：

近 1 年營業利益率＞27%的家數：110 家

近 3 年營業利益率＞27%的家數：58 家

近 5 年營業利益率＞27%的家數：45 家

答案是：經營企業持續賺錢，真的超級超級不容易！

　　然而，本書作者經營 20 多年的「北方達人」年營收約為 100 億日圓，

營業利益率高達 29%；該公司給剛畢業的社會新鮮人薪水在日本排名高居第二，直接完成了筆者在前文提到的觀念：最好的社會公益就是經營企業能持續賺錢。

作者累積 20 多前年獨創的「五階段利益管理」，協助他快速動態地調整了相對應的產品、銷售、顧客、人才與行銷等五大戰略，經過 20 多年的實戰與不斷優化後的所有思維，毫無保留地寫在本書內容。

如果您也是創業家？或是您在大型企業擔任中高階主管？那麼 MJ 五星滿分誠意推薦這本書給您，透過本書作者的一步步指引，讓我們一起努力打造屬於自己的高毛利經營術，在獲利之後，回饋自己一起打拚的團隊與社會。

（連續創業家暨兩岸三地上市公司指名度最高的頂尖財報職業講師）

推薦序

經營管理是一連串設計、量化 KPI、KGI 的過程

沈劭蘭

從事電商產業 10 多年，興逢產業變化驟快、快速更迭，興起的運營模式每年迭代，讓領導人得更聚焦、更聚精會神、更全神貫注、更全力以赴面對所處的環境。

許多領導人帶領的組織，專注在擴大市占率、營收成長率，忽略守住淨利率才是關鍵，而如何讓全員都有淨利率的概念、進而推展到管理流程的設計，本書作者木下勝壽社長把營運 20 年的獲利心法有系統的呈現在書裡。

用財務及運營的基本邏輯，提出簡單的策略，即管理淨利率的五階段法，讓公司利益率是 29%。這是相當有成效的運營成果，從商品、銷售、顧客、人才、經營管理行銷等構面，用架構、數字、思維說明，如何讓公司的每一段管理流程專注在利益率。

領導人有時候會有迷思，專注擴充規模、營收成長，忽略成本、淨利率思維，導致公司現金流不足而引發企業危機，這種情況比比皆是。

其中最重要的觀念，就是「銷貨收入作業系統」轉換為利益作業系統，即「銷貨收入最小化、利益最大化」。與其用很多成本創造高營收，不如守

一個小眾市場、打造高淨利。在營銷過程中，分別精算產品別成本、訂單連動費用、行銷費用、商品別人事費用、營業費用（間接）5 種費用明細，每天致力改善與分析各個產品的獲益率來做最佳決策，並不是營收大就代表獲利大，這是第 1 個重要的觀念。

其次是鎖定小眾市場的商品策略，與其大規模行銷一直花廣告費取得新客戶，不如鎖定開發「好用到嚇人、即解決客戶問題」的產品，讓客戶持續回購，因為堅守好產品，在品質測試上是毫不妥協、持續改善，進而形成良性循環成為長銷品，也讓代工廠有足夠穩定、長期的供貨關係。

實現利益率 29% 的銷售戰略有二，行銷過程中設定每 1 個訂單的獲取成本，高於設定值則關閉廣告，另訂策略執行，不做獲取訂單賠錢或無效益的事。二是去計算回購客的顧客終身價值，設定廣告投入成本。在電商運營的數字、流量轉換裡，如果沒有精算獲客成本則容易流於預算丟到水裡卻不知成效，作者提出很好的管理邏輯。

而要讓顧客變成長期鐵粉，關鍵還是產品的品質，把市場區隔做好，網路行銷的關鍵在「向誰、傳達什麼、如何傳達」，而「向誰」是透過網路媒體的區隔化提升精準度，「而傳達什麼、如何傳達」的內容，則是透過廣告表現的創造力來完成工作。

在人才戰略的設計上，社長在組織的業務結構下功夫，為了實現人事費用管理指標做了一系列的設計。先從改善作業流程著手，將工作流程化，新手進入單點工作，7 天發揮即戰力，也依職能區分安排人才配置，像擅長電

訪專心電訪，拿手郵件回覆只做郵件處理等。更進階是鳥瞰公司業務，主管具備將工作組織化的能力，將每個工作崗位模式化。用工作流程分類業務，而不是用功能。並非改變部屬，而是改變業務。最後是員工與公司共有、共享理念。每天 30 分鐘的「信條」習慣，將企業活動引以為據的價值觀和行動規範，簡潔表達出來，並每日貫徹。

每個公司企業文化都是由創辦人的願景、價值觀的一小顆種子開始形塑的，變成一種信條，化身在每日的營運 DNA 裡，對於品質堅持、服務到位、成本管理、以人為本⋯⋯這都是從小小的源頭開始創造，再經過長期持續執行所產生的結果。

營運電商公司，商品開發與有效的廣告宣傳是經營的兩輪，過程中活用 AI 流程。一是管理上限的每筆獲客成本；二是確定數位商品行銷方案（差異化戰略）。運用數據分析區隔市場、找出顧客輪廓、思考購買理由、設計消費者歷程等。這都是電商運營的數字分析邏輯。而這一切都架構在著重「利益」（淨利）的經營方式與行銷內容，如此一來就會停止投放無益的廣告。經營及管理活動的本身，是一連串設計、量化 KPI、KGI 的過程。

作者提出著重利益的管理貫穿整個運營的精髓，從商品、市場、行銷、費用、顧客等架構出基礎邏輯，相信可以運用在任何產業，而知道到做到還有一段距離，我們就即知即行吧。

（本文作者為六月初一.8 結蛋捲 執行長兼創辦人）

推薦序
為什麼新手老闆往往想衝營業額、規模？

王繁捷

　　有一次我在面試 1 個新人男生。從履歷表文字的蛛絲馬跡裡可以看出，他很有自信，卻高估了自己的能力，但我不想太武斷就錯殺對方，所以還是幫他安排了面試。

　　面試快要結束時，他突然問：「你們公司有幾個人？」我說：「大約 10 個左右。」他挑了挑眉毛：「10 個？我以為你們是 3、40 人的公司，我比較想在大公司工作，才能發揮自己的能力。」他的語氣露出了輕視。

　　我說：「在同個產業，公司上下班時間、淨利率通通一樣的狀況下，一間公司只靠 10 個人就做得到年營業額 6000 萬，也就是我們貝克街；而另一間公司需要靠 30 人，才能做到相同的年營業額，你想去哪一間？」（需要 30 人才能做到 6000 萬的那間公司，我就不提是誰了）

　　他愣了一下，我又問：「需要我幫你分析兩者的差別嗎？」他呆呆地說不出話來。看他的反應，很明顯他只知道用員工人數來判斷公司實力，要是只有這種邏輯程度的話，連我 6 歲的兒子都懂。

　　不過也不能怪他，很多新手老闆也有一樣的觀念，他們認為賺愈多營業

額、請愈多員工，才代表公司是厲害的，是成功的！

好幾年前，貝克街剛創立沒多久，有一天晚上我和太太在散步，她突然說：「好奇怪，公司的業績已經有一點進步了，但是感覺生活好像沒什麼改變。」我問：「妳是指物質方面的改變嗎？」她說：「對呀……大概是因為我沒有什麼物欲，就算賺到錢了也是過一樣的生活吧。」

我太太確實是物欲低的人，她很久才買一件衣服，而且大部分是在菜市場買的。不過當下，我覺得好像哪裡不對勁……因為我知道，公司營業額雖然進步不少，可是淨利爬得比烏龜還要慢，我一直以為這是正常的，創業初期都是這樣。可是不安的感覺還是隱隱作祟，回到家後，我看著公司的各項數據，陷入了沉思：「也許我是錯的。」

時間回到 2012、公司剛開的那一年。

要賣宅配蛋糕，除了蛋糕本身要好吃之外，重點當然就是包裝：提袋、DM、蛋糕盒、紙箱、名片都要處理。

包裝設計好後，印刷廠商拿著紙樣和我見面，他說：「DM 的部分有分不同的材質，像是美術紙、銅版紙價錢不一樣，厚度也會影響到價格，你想要哪一種？」我說：「因為我的定位是精品蛋糕，我要質感比較好的紙，厚度也要夠。」廠商點點頭，然後又問：「那提袋和蛋糕盒呢？」我回答：「一樣都要有質感的。」

DM、提袋、盒子，質感、質感、質感！我安慰自己：「我的定位是精品蛋糕，各方面的細節都要做到最好。」為了這些包裝，我把之前參加創業

大賽得到的獎金，花得乾乾淨淨。

開業後，雖然初期業績很差，但是營業額還是慢慢拉起來了，時間到了我和太太散步的那天晚上，我看著一個數字：50%。

這是我的食材加上包材的成本，等於我 1 個蛋糕賣 1000 元，食材和包裝就占了 500 元！

表面上 6 吋蛋糕賣 1000 元滿貴的，可是對照成本，根本就超廉價。正常情況下，薪資管理費用占 20~25%，租金占約 10%，廣告費 15~20%，其他各項雜費 1~3%。

這些還不含營業稅 5%，至於營所稅的 17%（那時候是 17%）……

你稍微算一下就知道，我整體下來沒賺到錢，營所稅也不用繳了。

以前我的想法是，只要營業額提高了，各項成本降低，錢才會愈賺愈多，但是那天晚上，我腦袋突然清醒：「重點不在於一直拉高營業額，而是要真的賺到淨利才有意義！」

在《億萬社長高獲利經營術》的前言，作者木下勝壽開門見山地問了一個問題：

年營業額 100 億日圓、獲利 1,000 萬日圓的 A 公司。

年營業額 1 億日圓、收益 1,000 萬日圓的 B 公司。

如果是你會想要經營哪一家公司？

我腦袋清醒的那天晚上，決定要當 B 公司。

回到開頭面試的故事，一般人的選擇都是 A 公司，人多、營業額高，聽起來多威風！但是，真的走過一回創業這條地獄之路，就會知道 B 公司雖然表面沒有這麼威風，但才是最理想的。

《億萬社長高獲利經營術》跟你清楚解釋了原因，為什麼 B 公司比較好，該怎麼做才能變成 B 公司，而不是表面風光，背後卻焦頭爛額的 A 公司！

對於正在創業的人，書裡有很多重要的觀念，非常值得一看。

（本文作者為貝克街巧克力蛋糕負責人）

好評推薦

本書作者的經營理念，可謂是「精準經營」。作者不以事業規模（top line）為優先目標，而是聚焦於利潤（bottom line），從企業經營策略、商品企畫、行銷策略，到人才與企業文化，採取一致性的利益管理作為，以提升企業利潤率。許多台灣公司善於價格競爭，戲稱「毛三到四」，本書的出版，正可提供給國內企業主一個不同的經營思考。

——鄭惠方（惠譽會計師事務所主持會計師）

前言
PREFACE

年營業額 100 億日圓、獲利 1,000 萬日圓的 A 公司。

年營業額 1 億日圓、收益 1,000 萬日圓的 B 公司。

如果是你會想要經營哪一家公司？

獲利不論何者都是 1,000 萬日圓，但 A 公司的年銷貨收入與 B 公司相較差了 100 倍。因此，重視營業額的人也許會選擇 A 公司也不一定。

但是，若改變觀點、看法，A 公司做了 100 倍的工作，也可以說耗費了 100 倍的辛苦。

若最終的獲利相同，那麼只花百分之一勞力便能有效賺取利潤的 B 公司較佳。

銷貨收入 100 倍，花的功夫也是 100 倍。

只要經營事業，發生問題是家常便飯，問題會隨著銷貨收入上升而等比增加。

若是利潤相同，營業額高者其風險也較高。

＊ 本文之後的隨文註，除非特別標示編按，皆為譯者所註。

經營的最大目的是提升利益。

掙得多少利益表示公司對社會有多少貢獻。

稅金從利益而來，為國家所用。

若公司獲利，經營就能穩定，即使遭逢問題也不會破產倒閉。

經營者的最大使命是致力於「永續經營」。

也就是打造出不論遇到何事皆能穩如泰山的公司。

為此，我們必須努力在經營管理上，減少問題與降低風險。

景氣必然有繁榮與衰退的高低循環。遭逢災害、傳染病等意外狀態的可能性也高。

正因為如此，以不景氣為前提來打造企業是必要的。

經營者即使銷貨收入為零，也必須建造能夠支付所有員工薪水、租金，讓大家可以安心工作的環境。在進行超過自身所能負擔的大型投資之前，應該要建立不論發生任何事都能保障員工的財務狀況。

我經營的「北方達人」，年銷貨收入大約 100 億日圓，營業利益則約為 29 億日圓（2019 會計年度）。[1]營業利益 29 億日圓的公司雖然不稀奇，但在業界大家都說「29%的營業利益率是非常高的」。

實際上，日本電商的上市企業中，敝公司 2020 會計年度的數字雖然稍微滑落，但營業利益率仍獨占鰲頭。

此外，也有人說敝公司的利益率之高是否出於「商品的成本率低」、「員工的薪水很低」。但是，我們公司的成本率是業界標準的 2～3 倍，給新鮮

1　該公司會計年度採三月制，2019 會計年度之起訖時間為 2019 年 3 月 1 日至 2020 年 2 月 28 日。

人的薪水**高居日本排名第二**（2021 年實績）（《日本經濟新聞》〈新鮮人薪資排行榜 2021〉）。

我從創業以來，在經營上就持續重視利益管理。

在 2000 年，我在所住的大阪老家大樓，開啟販售北海道特產的網購公司「北海道.co.jp」。在事業上軌道的 2002 年，我前往北海道，成立了「北海道.co.jp」（2009 年公司名稱變更為「北方達人 Corporation」股份有限公司）。現在則是經營後來成立的「北乃快適工房」，[2]以網路銷售健康食品、化妝品自有品牌為主要業務，在東京、札幌、台灣與韓國皆設有據點。

在本書中，我將首度公開從 1 萬日圓持有資金起步的事業，它如何成長為銷貨收入 100 億日圓、利益 29 億日圓的祕密，以及怎麼養出高收益體質公司的 know-how。

我的想法非常簡單，那就是與收益無關的業務就收手或改變。

為此，我們必須掌握公司所有營業活動是否與收益具有直接相關。

這就是名為「**五階段利益管理**」的獨特手法。我在這 20 年間，每個月都一邊看著五階段利益管理表來改善業務，打造公司的強健體魄。

本書的結構如圖表 1 所示（第 28 頁）。

因為我並非紙上談兵，而是介紹具體的 know-how，所以若能夠順利導入五階段利益管理，你的公司也將能轉變為高收益體質。不論貴公司身處何種產業，據點位於大都市或地方城鎮都可以實踐。本書有 44 個圖表，但它們並非為了補足文字敘述而存在，圖表本身包含了我特有的解說，希望各位讀者不要略過，而是確實閱讀。我保證如此一來，閱讀的樂趣也將倍增。

2　編按：日文原文為「北の快適工房」，在台灣有幾種常見翻譯：北方快適工坊、北的快適工房、北之快適工房，北乃快適工坊等，本書採用的議名為「北乃快適工房」。

在第 1 章，我將說明**為何利益比銷貨收入更重要**。

發生新冠肺炎的疫病災禍，應該有許多人實際體驗到事業經營難以為繼的窘境吧。敝公司也遭受了莫大的損害。

我們為了此種事態而預做準備，一直採取延長**「無收入壽命」**戰略。

所謂無收入壽命，是指即使銷貨收入為零，也能夠維持經營現狀的期間。沒有採取減薪等削減成本措施也能夠維持雇用全體員工、支付租金，並在此階段重振公司。我將在此章介紹**即使零銷售額也能倖存的「無收入壽命」方法**。

在第 2 章，我將說明**從銷貨收入作業系統轉為利益作業系統！銷貨收入最小化、利益最大化的法則**。銷貨收入只要降低成本就能輕易提升。要提升 100 億日圓的銷貨收入，只要大量打廣告就行了。但是，在劇烈變化的時代，即使在先行投資期銷貨收入提高，但在回收期因市場變化而無法回收獲利的狀況所在多有。因此，必須要採取銷貨收入與利益併同管理的經營方式才行。因此，為了要打造不輸給如此次新冠肺炎的疫病災禍、具備堅不可摧的經營基礎，我將介紹**「藉由降低銷貨收入來提高利益」**的經營手法。並且，為了培養公司的獲利體質，公司員工也必須轉換成利益導向才行。為此我將以文字實況轉播自己為員工舉辦「為何要產出利益」的研習會內容。

在第 3 章中，我將解說**一眼就能看穿公司弱點的「五階段利益管理」**。

透過我的研討會得知五階段利益管理的人，都很興奮地提到：「能夠貢獻利益的商品與毫無貢獻的商品，我一目了然。」「我按照事業部門分別進行了五階段利益管理，結果可以知道各事業部門的營運是否順暢。」「我因為徹底、全盤地思考成本，茅塞頓開、豁然開朗。」

所謂成本可以區分為對利益有貢獻、對利益毫無貢獻的成本。篩檢出隱藏的成本、降低無益的成本，獲利率就能提升。

在第 4 章中，我則是介紹**在小市場、取得壓倒性勝利的商品戰略**。

我們的商業模式一直以來都是主打讓高品質商品長銷，敝公司的定期購入（訂閱制）占銷貨收入的比率**大約 7 成**。這成為產生利益的來源。

在第 5 章，我將提及**實現利益率 29% 的銷售戰略**。

加碼行銷費用，銷售額便會提升。但是，加碼太多則利益就會減少。因此我要傳授「管理 CPO 的方法」（Cost Per Order：單件訂購所需花費的成本）。更進一步，我將解說**讓銷貨收入減半、讓利益提升 1.5 倍、利益率成為 3 倍的方法**。

在第 6 章，我將介紹**緊抓粉絲且阻止粉絲永不變心的「演歌戰略」**（顧客戰略）。「賣東西」跟「持續賣出東西」是不同的。

我首度公開只接觸對商品有興趣的人，讓買過一次商品的客人便一輩子不變心的「演歌戰略」。

在第 7 章，我會提到**即使無經驗也能夠持續提升利益的人才戰略**。

我會介紹如何打造出讓無經驗或新進員工也能夠成為即戰力的業務體制，以及怎麼讓組織整體萌生成本意識與概念的「唯一方法」。

至今為止許多人對我提出下述的問題：「為什麼，你們這麼小的公司，市值總額可以高達 1,000 億日圓呢？」「為什麼，年輕員工可以這麼朝氣蓬勃地工作呢？」我都打算在本書中確實回答這些提問。

在第 8 章（終章），我將說明**實現銷貨收入 1,000 億日圓、利益 300 億日圓的戰略**。

我既是公司老闆，也是行銷負責人。本公司的行銷活動與經營直接連動，行銷數字完全與經營數字串連。透過徹底分析巨量資料、各廣告媒體的演算法和使用者的狀況，讓商品開發與有效的廣告宣傳相輔相成，而能夠一路維持如此高收益的成果。

本書是我的處女作。

希望讀者閱讀此書後，能多增加 1 塊錢的收入、多繳納 1 塊錢的稅金讓國家發展，我抱持這樣的願望書寫本書。為此，我在這裡與大家約定，自己將毫無保留地公開敝公司提升高收益的祕密。

2021 年 6 月
北方達人社長 木下勝壽

圖表 1｜本書結構

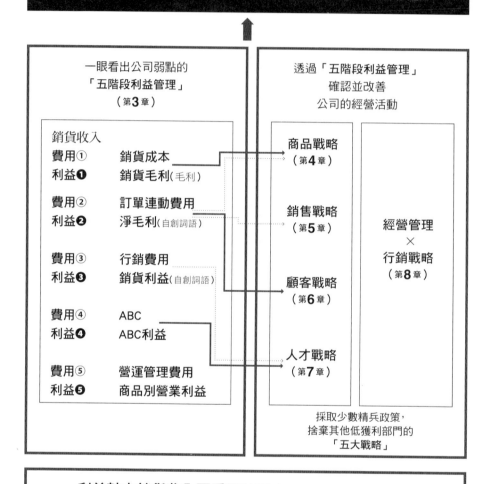

高獲利體質的永續企業，「無收入壽命」的長期化

一眼看出公司弱點的
「五階段利益管理」
（第**3**章）

透過「五階段利益管理」
確認並改善
公司的經營活動

銷貨收入

| 費用① | 銷貨成本 |
| 利益❶ | 銷貨毛利(毛利) |

商品戰略
（第**4**章）

| 費用② | 訂單連動費用 |
| 利益❷ | 淨毛利(自創詞語) |

銷售戰略
（第**5**章）

| 費用③ | 行銷費用 |
| 利益❸ | 銷貨利益(自創詞語) |

顧客戰略
（第**6**章）

| 費用④ | ABC |
| 利益❹ | ABC利益 |

經營管理
×
行銷戰略
（第**8**章）

| 費用⑤ | 營運管理費用 |
| 利益❺ | 商品別營業利益 |

人才戰略
（第**7**章）

採取少數精兵政策，
捨棄其他低獲利部門的
「五大戰略」

利益較之銷貨收入更重要的理由（第**1**章）
由增加銷貨收入導向，轉換為增加利益導向（第**2**章）

Chapter 1

零銷售收入也能存活的
「無收入壽命」思考方式

1 讓公司重生為不管發生任何事都無法撼動且堅不可摧

與不景氣絕緣的 3 種經營管理方法

2020 年 4 月 7 日，受到新冠肺炎疫情擴大的影響，當時的日本首相安倍晉三發布了東京、神奈川、埼玉、千葉、大阪、兵庫與福岡七個都府縣的緊急事態宣言（4 月 16 日緊急事態宣言區域擴及日本全國）。

東京都知事小池百合子發布了請求停業的細節，要求夜店、KTV 等分屬眾多不同領域的業種停業或縮短營業時間。

許多公司苦於新冠肺炎的影響而倒閉。

2020 年 4 月 11 日，我在推特發表了一篇很長的推文（在不改變部分文章目的的前提下，我調整了文字）。

這一次的不景氣不同於過往，是發生在消費市場裡。

回顧過去的不景氣，80～90 年代的泡沫經濟崩壞肇因於對土地的過度投資，網際網路泡沫的崩壞是出自於對網際網路的過度投資，而雷曼金融危機則是起因於對次級房貸的過度投資，但不論何者皆是發生於投資市場。

經濟活動原本是以 B to C（Business to Consumer，企業與消費者直接交易的商業模式）為基本。為了支撐消費市場，而有所謂 B to B（企業間交易）的投資市場存在。

世上的消費市場可以自成一國，但投資市場卻無法單獨成立。

　　但是，在經濟結構上卻遠離了消費市場，光只有投資市場領先成長。這是沒有現實基礎支撐的純粹經濟理論。投資市場價格過度飆升，消費市場價格進入「過高而無法下手購買」的階段，便會陡然落入泡沫化狀態。

　　若此種狀態持續下去，景氣將增溫，但到某個時間點又會如突然冷靜般一口氣跌入谷底。過去的土地泡沫、網際網路泡沫、次級房貸的崩壞，都是此種模式。

　　因此人們能夠預測。投資市場終究是消費市場的補充市場，在投資市場出現過度上升的價格時，會以跌落到消費市場實際需求價格的形式完結。

　　我在 23 歲時，注意到這個模式。因此能夠持續在與泡沫型不景氣絕緣的狀態下，經營事業。

　　能趨吉避凶、遠離不景氣的具體方法有以下三項。

❶ 在消費市場中，發展事業

❷ 若要對投資市場進行投資，就不要考慮投資市場的行情。而是要反映消費市場的計算，以此判斷價格的高低（舉例來說，當投放廣告時，對於別人表達「其他公司的 CPO 行情大概這麼高，應該要再增加一點經費」等的意見一概充耳不聞。而是要計算對自己而言的適當價格，以此判斷有無投放廣告的必要→在第 5 章將介紹具體的 know-how）

❸ 不要依賴借款，以營運資金經營事業（投資市場的崩壞將四處蔓延，影響到在消費市場經營事業的公司。向銀行借款將會變得愈來愈困難。投資市場每 10 年崩壞一次。我假定這是常態，因而不從事「不向銀行借款就經營不起來」的行當）

　　包含我自己在內，人類是愚蠢的。

總是重複同樣的失敗。

因此，我們必須要以經濟會重複失敗為前提來經營公司才行。

而這一次的新冠肺炎不景氣與過往不同，是發生在「消費市場」。「消費者不購買（無力購買）商品或服務」，經濟因此停滯不前。

前述的不景氣，對策 ❶ 與 ❷ 無法發揮作用。但是，我深切體會到 ❸ 是不景氣的萬靈丹對策。

然而，尚有一線生機。消費者的實際需求並非「消失」，只是「停滯」。需求必定會復活，而復活之時也許會出現劇烈的報復性消費。雖然不知道這樣的反轉何時會發生，但能夠耐得住的公司在復活時，便可一家獨贏。

現金充裕的公司已身處勝利組。若貴公司缺乏營運資金，那麼透過進入有現金的公司傘下，也是成為勝利組的一種方法。而且可以藉此學習「勝利組」的經營方式。

總之要想辦法撐著，不依賴借款，運用自己的營運資金再建構可以運作的商業模式是非常重要的。

不論要採用何種手段，堅持下去吧。

而且要自此不景氣中學習，突破困難、脫胎換骨成為不論何事皆難以撼動的公司與自己。

以上是我的推文。

這則推文引發巨大迴響，採訪與演講邀約蜂擁而至。

何謂零銷售收入也能夠維持現狀的「無收入壽命」

經營者的最大使命就是不要讓公司倒閉。

　　企業並非期間限定之物，而是應該要橫跨未來、繼續事業且持續發展下去，這在會計上稱為「繼續經營假設」（Going Concern Assumption）。

　　我前面已經提過，新冠肺炎危機與至今的不景氣不同，是發生於 B to C 市場。這雖是特殊案例，但商品滯銷的風險是常態性會發生。

　　我經常為了這樣的事態而有所準備。

　　這就是要延長「無收入壽命」。

　　所謂無收入壽命，指的是即使無銷貨收入也能夠維持經營現狀的期間，是我自創的詞語。

　　所謂維持現狀代表的是不採取減薪等削減成本的方案，也能夠維持全體員工的雇用並支付租金。

　　簡單來說，無收入壽命是指扣除借款後的純粹既有資金，能夠支付幾個月租金與薪水等的每月固定支出（具體計算方式容後詳述）。

　　當全世界的景氣惡化時，員工問我：「老闆，我們的公司沒問題嗎？」這個時候我立刻就可以回答，「就算 1 塊錢都沒有入袋，我還是能夠支付全體員工 24 個月的薪水，也付得起租金。這段期間我們一起來讓新業務上軌道吧」。

　　為此要正確掌握無收入壽命，並漸次地延長。

延長「無收入壽命」的 4 種思考方法

　　那麼，該如何才能夠延長無收入壽命呢？答案則為以下四項。

1. 決定要將幾個月當成無收入壽命的目標

　　評估重振事業需要多少時間是設定目標的基準。不論因什麼理由造成銷貨收入歸零，思考需要幾個月才能夠重整公司。

當然這也視銷貨收入歸零的理由而定，現在的事業若不能繼續，就需要另起爐灶。假如規畫的事業規模小，那麼短期間內就能夠復活，倘若規模大的話就要花上較長時間。

像這樣思考**需要幾個月才能重整**，來決定無收入壽命的目標。

敝公司的狀況是定下「**無收入壽命為 24 個月**」。

2. 月結帳時，計算出無收入壽命

敝公司在管理會計的指標上，放上「無收入壽命」項目。在月結帳時，與管理階層分享此項目的計算結果。

例如，每月固定費 1,000 萬日圓的公司，將無收入壽命的目標定為「12 個月」。

必要的營運資金為 1 億 2,000 萬日圓，但根據月結帳的結果，我們知道營運資金為 5,000 萬日圓。亦即，離目標尚缺 7,000 萬日圓。我與管理階層共有此目標，思考如何增加營運資金，即累積利益的方法。

3. 累積到營運資金的目標額為止，在此之前不要進行大額投資、腳踏實地儲蓄

眾多的經營者即使營運資金很少，仍會邁入下個階段的投資，公司因此無法累積營運資金。

首先要腳踏實地儲蓄。企圖提升銷貨收入、但無法與利益連動的投資是最糟糕的。在第 3 章中，我將介紹「五階段利益管理」，讓你可以一眼判斷無法與利益連動的投資。

4. 若累積到營運資金的目標額之後，便可安心挑戰

經營者因營運資金的有無，挑戰事業的精神狀態也會有所改變。

公司血液（現金）要靠每天借錢才能循環的老闆，總是無法沉著、冷靜。我是以「即使銷貨收入歸零也有 24 個月、沒問題」的無收入壽命為主軸來經營事業的，所以精神狀態總是很安定。

松下式「水庫式經營」與「無收入壽命」的關係

若從持家管帳的立場來考量無收入壽命的思考方式，這應該是理所當然的吧。

維持一家生計的人可能因為某些理由而失業，例如有天公司突然倒閉。為了避免意外需預先準備，應該就會儲蓄生活費吧。

4 人家庭平均 1 個月的生活費，包含房租在內若算 40 萬日圓左右。如果存款有 400 萬日圓的話，無收入壽命便是「10 個月」。若是幾乎無存款（無收入壽命 1 個月等），應該就不會不惜借錢來買房或購車了吧。

但是，公司卻能面不改色地這麼做。

許多的經營者相信「為了提升銷貨收入，投資是必要的」，但明明沒有淨現金流量，還是向銀行等機構借款來進行設備投資。

在家庭理財時明明絕對不會做，卻在經營管理上這麼幹。這也許是因為大家對「經營需要花錢」與「投資是必要的」深信不疑。

此外，許多經營者無法適當處理庫存等存貨資產。

若有存貨，在損益表（P／L）上看起來就像有賺錢。公司若不讓損益表看起來獲利，就無法得到銀行融資。

若本來就沒有打算要向銀行爭取借款，也就沒有必要這麼做。

這會招致惡性循環。

公司明明沒有營運資金卻還是想跟銀行借款來投資，這到底算得上是

「永續經營」嗎？

延長無收入壽命的思考方式，與 Panasonic 的創業者松下幸之助所說的「水庫式經營」是相同的。松下先生在某次演講中曾這麼說。

「儘管景氣正好也不能隨波逐流地經營，還是要為景氣惡化時預備、積蓄資金。如同**水庫儲水，為了讓流量穩定，應該要從事這樣的經營管理**。」（1965 年 2 月的演講）

其中一位聽眾問到，「雖然理解水庫式經營的重要，但不知道該怎麼執行，實在很讓人困擾啊」。對此松下先生答道「首先，不思打造水庫是不行的」。觀眾期待落空，面面相覷地苦笑。

但是，也有許多人注意到「松下因為這麼做，才能成為大企業」，因而如此實踐。那便是創辦京瓷、第二電電（KDDI），重整日本航空經營的稻盛和夫。

正確計算出無收入壽命

正確的無收入壽命，只要有資產負債表（B／S）就能夠簡單計算出來。只要用 Excel 等軟體製表過一次，由財務行政業務的承辦人填入數字，就能夠自動計算出正確數字。無收入壽命的計算公式如下。

無收入壽命＝營運資金÷每月固定成本（圖表 2 右側）

首先，所謂「營運資金」為**淨持有資金與長期負債**。

資產負債表大致區分為三個區塊，即「資產」「負債」與「權益」。

此處應該注意的是，在資產負債表「流動資產」中居首的「**現金與存**

款」項目，因為也包含了借款，所以不代表淨「持有資金」，無法直接計為營運資金。

此外，「總資產」中包含了土地與建物等無法立刻變現的**固定資產**，因此也不等於「營運資金」。

商品庫存等**存貨（資產）**，若銷貨停滯也無法立刻變現。

應付帳款與短期借款等**流動負債**，則代表必須支付與償還的義務。

因此，固定資產、存貨資產、流動負債也無法稱之為「營運資金」。

所謂的「營運資金」是從「總資產」減去「固定資產」「存貨」與「流動負債」這三項所得出。

營運資金＝「總資產」－「固定資產」－「存貨」－「流動負債」（圖表 2 左側）[1]

將此「營運資金」除以租金、人事費、電費等，即使銷貨收入歸零每個月仍然必須支付的「每月固定成本」，即可計算出無收入壽命。

希望各位讀者參看第 40 頁的圖表 3。

假設有一家公司的總資產（負債與權益總計）為 5 億 6,000 萬日圓。

從此金額減去固定資產（土地、建物與設備）3 億 6,000 萬日圓、存貨（庫存）300 萬日圓、流動負債（應付帳款、應付票據、短期借款）700 萬日圓（圖表 3 左側）。

1　作者的營運資金計算方式比一般會計或財務更為嚴謹。一般的計算方式，是以流動資產減去流動負債，但本書作者是用流動資產扣掉存貨、再減去流動負債，因此會比一般定義下的營運資金金額更低。

圖表 2 | 何謂「無收入壽命」

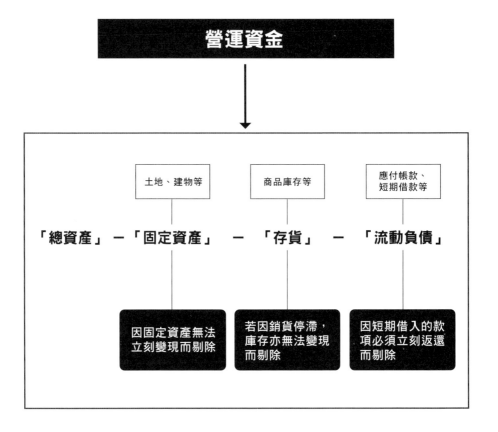

「營運資金」的計算方式

營運資金

| 土地、建物等 | 商品庫存等 | 應付帳款、短期借款等 |

「總資產」 —「固定資產」 — 「存貨」 — 「流動負債」

因固定資產無法立刻變現而剔除

若因銷貨停滯，庫存亦無法變現而剔除

因短期借入的款項必須立刻返還而剔除

何謂「無收入壽命」？

因「現金與存款」中也包含了借款，因此無法稱之為淨「持有資金」

因「總資產」中也包含了無法現金化的固定資產，因此無法稱之為淨「持有資金」

無須返還的
淨持有資金
（＋長期負債）

↑

營運資金

無收入壽命

↓

將「營運資金」除以「每月固定費用」所得出

每月固定成本

↓

租金、人事費、電費等銷貨收入歸零也必須支付之成本

圖表 3 | 何謂「營運資金」？

（萬日圓）

資產總計			負債與權益總計		
流動資產	現金與存款	10,000	流動負債	應付帳款	−2,000
	應收票據	2,000		應付票據	−3,000
	應收帳款	3,000		短期借款	−2,000
	投資（有價證券）	2,000	長期負債	長期借款	20,000
	存貨	−3,000		公司債	1,000
固定資產	土地	−20,000	權益	股本	5,000
	建物	−15,000		資本公積	5,000
	設備	−1,000		保留盈餘	18,000
	56,000			56,000	

「總資產」−「固定資產」−「存貨」−「流動負債」
56,000　−　36,000　−　3,000　−　7,000

||

「營運資金」
10,000
若每月固定成本為1,000，則「無收入壽命」為「10個月」

（萬日圓）

資產總計			負債與權益總計		
流動資產	現金與存款	10,000	流動負債	應付帳款	2,000
	應收票據	2,000		應付票據	3,000
	應收帳款	3,000		短期借款	2,000
	投資（有價證券）	2,000	長期負債	長期借款	20,000
	存貨	3,000		公司債	1,000
固定資產	土地	20,000	權益	股本	5,000
	建地	15,000		資本公積	5,000
	設備	1,000		保留盈餘	18,000
56,000			56,000		

「營運資金」

＝

「總資產」－「固定資產」－「存貨」－「流動負債」

總資產 5 億 6,000 萬日圓－固定資產 3 億 6,000 日圓－存貨 3,000 萬日圓－流動負債 7,000 萬日圓＝營運資金「1 億日圓」

由此得知營運資金為 1 億日圓。

下一步驟的每月固定成本又是多少呢？

所謂每月固定成本是**租金、人事費、電費等即使銷貨收入歸零，每個月也都必須花費的成本**。

假設該公司的每月固定成本為 1,000 萬日圓，

營運資金 1 億日圓÷每月固定成本 1,000 萬日圓＝無收入壽命「10 個月」

計算結果可知，無收入壽命為 10 個月。

若景氣惡化，公司員工問我：「我們公司沒問題嗎？」我就能夠回答「即使銷貨收入為零，在 10 個月的期間內，公司還是能夠支付全體員工的薪水，也能夠付租金。大家一起在這段時間內找出對策吧」。

達成無收入壽命目標的祕技

某家公司的每月固定成本為 1,000 萬日圓，而無收入壽命的目標為 24 個月。

因此必要的營運資金為 2 億 4,000 萬日圓，但目前的營運資金為 1 億日圓，距離目標尚不足 1 億 4,000 萬日圓。

為了將公司轉為獲利體質，匯聚利益才是王道。

不過，此時有一個達成目標的祕技。

那就是向銀行借入「**長期借款**」，差額距離目標金額還有 1 億 4,000 萬日圓。而重要的是**絕對不要使用**這些借款。

接下來我會一點一滴說明，從創業以來僅靠手中持有資金經營的事業。我基本上不會向銀行借款。

但是，僅有一次我向銀行借了錢。那就是為了要達成無收入壽命的目標。

在尚未達成敝公司目標「無收入壽命 24 個月」的期間，我為了達成目標，借了 3 億日圓。藉此增加了營運資金，就這樣將資金匯集在手邊。每個月的利益（收益）就直接充當還款之用。現在已清償了所有借款，完全靠自有資金維持無收入壽命。

以前述的公司為例，能提升利益、積存 1 億 4,000 萬日圓為最佳。

但是，要能夠積存到這樣的金額需要時間。與目標之間的差額 1 億 4,000 萬日圓，若每月存 500 萬日圓也需耗時 28 個月。若是如此，在 28 個月間，我將每天都惶惶不安。

因此若借入 1 億 4,000 萬日圓，就能暫時達成目標。而將每月利益 500 萬日圓用於還款，28 個月之後，將此 1 億 4,000 萬日圓替換為自有資本。

若能如此，假設經過 28 個月之後發生意外，手邊便有可以維持無收入壽命的資金。當然借款會衍生利息費用，但若把利息當成「安心保險費」，那就很便宜了。

對我而言，達成無收入壽命目標的優先順序就是如此重要。因此，我才會將此列為敝公司的管理會計指標。

即使銷售額歸零，可以支付員工薪水、租金，保障大家能每天安心工作是經營者的責任與義務。在進行不相襯的過度投資之前，應該要打造不管發生什麼事都能夠持續守護員工的財務狀況。

有人詢問經營者無收入壽命的意見，對方回答「只有 1 個月」。

因此若他們公司的銷貨收入歸零，立刻就會倒閉。

經營伴隨著意外。不光是自家公司的過失，也可能受到災害或傳染病的影響。若能達成無收入壽命的目標，經營者的精神安定程度也將完全不同。

我從創業第 1 年，便抱持著無收入壽命的思考方式。

若以現金基礎來經營，一旦沒有營運資金，公司便會立刻倒閉。當然，創業初期的利益總是難以提升，營運資金也僅有微小金額。即使如此，我留意到松下先生所說的「**建造水庫**」，漸次少許地慢慢增加營運資金。

企業財務分析師中，雖有人認為「『北方達人』的現金與存款很多，是打算併購其他公司吧」，但他們都在知道我堅持的「無收入壽命」做法時，大吃了一驚。

某家銀行的營業員曾提過，「看貴公司的資產負債表，發現現金與存款累積了很多啊」「保留盈餘非常多啊」等。接著，在某種意義上向我提出許多「偽積極進取」的提案，例如：「貴公司的現金與存款很多，這是不是可能證明了你們在摸索新方向？」「貴公司應該要更加活用金錢才行，不打算購買這些股票嗎？」「貴公司是否考慮買下新公司呢？」「貴公司應該進行更多設備投資，順便一提我們也有這樣的物件……」

或許正因為如此，許多的經營者以提升銷貨收入為志，而覺得「累積太多現金與存款是壞事」吧。

但從經營者的角度而言，要挽救公司危機除了現金別無他法。若有現金就可為公司虧損預做準備，不論發生何種麻煩或意外都能夠應對。有必要投資設備時，也可以以現金購買。

大家有必要事先留意若要靠借款投資大型設備，那麼公司承受意外的耐受度就會劇烈下降。

2 從手頭零資金開始出發

我從中學 **3** 年級公民課，學到開公司的方法

我從孩提時代就對當經營者懷抱憧憬。

小學低年級時，看到電視卡通《巨人之星》，得知「花形滿[2]之所以是有錢人，是因為父親是汽車公司老闆的緣故」。

但當時我想到的是「他能夠當老闆是因為他爸是老闆」，又或者是「我要去公司上班，出人頭地」。

中學 3 年級時，我在公民課課堂上得知「只要有資本與勞動力，誰都能開公司；因此知道也有自己開公司、當老闆的方法」。

我為此大受衝擊。

回家後跟父親提到此事。理所當然父親早就知道了。我一廂情願地堅信「不論是誰應該都想當老闆」，因此覺得明明知道這事、卻沒去開公司的父親，「應該是想著總有一天會開公司，但還沒有採取行動吧」（但實際上父親根本沒有這種念頭）。

「人總是想著行動，最後卻沒有付諸實現。暑假作業也總是一邊想著要做，卻拖到假期最後一天才開始寫。有此打算就必須要付諸行動才行。」我的這種想法在此時便已萌芽。

我念大學之後，認真地思考經營事業，便加入了關西學生企業「龍馬股

2　劇中角色名。

份公司」（Ryoma），有許多組織成員都非常想創業。

抱持對坂本龍馬的敬意而借用其名成立的龍馬企業，因介紹同好會或團體住宿式駕訓班資訊的「社團目錄」而知名。

處理社團目錄是工作的一部分，我因此勤跑大型廣告代理商並製作案件企畫書或提案書。每天都穿著西裝上班，再從公司去學校上課，上完課再回到公司上班，持續這樣的生活。

當時，龍馬公司有 20 到 30 人的大學生。現在，幾乎所有人都成了公司的經營者，有一半左右是上市公司的老闆。我們定期舉辦同學會，每次參加同學會都會得到非常多正面的刺激與啟發。

出身龍馬公司的人，不是大學畢業之後自行創業，就是在瑞可利集團（Recruit）等創業家輩出的公司磨練之後，以創業為目標努力，大致可以分為這兩種職涯歷程。

我因為想要在一般企業磨練自己，所以選擇了瑞可利。

當時雖然網路尚未普及，但大家已經想像得到在不久的將來數位浪潮將至，到時可以透過多媒體串聯全世界。我認為接下來內容與網購事業將有所發展，思考該往哪條道路推進，最後選擇了在瑞可利學習內容產業的道路。

以網路購物創業的 3 個理由

我進入瑞可利工作 5 年左右，網路開始急速普及。太好了！創業的時機到了，我這麼想。

我最終選擇以網路購物的理由有三。

1. 它是網路商業

網際網路的登場正如同明治維新等級的革命。隨著虛擬空間的產生，重

組了世界的結構與成分。在這股迅速攀升的趨勢下，我感受到此正是網路創業絕佳的商業機會。

2. 它是 B to C

我選擇 B to C 的理由是因為它不易受景氣影響。

在瑞可利跑 B to B 業務時，我認為「驅動 B to B 的，不是消費而是投資的資金」。

企業為什麼刊登徵人廣告呢？因為它們想雇用新員工，希望藉由這些人才賺更多錢，換言之這是投資。在不景氣的時候，公司就拿不出投資的錢。不論打造出多麼優秀的求才媒體，沒有需求也還是賣不出去。

B to B 會受景氣變化的劇烈影響。瑞可利因為泡沫經濟崩壞而身負鉅額借款，後被日本超市集團大榮集團（Daiei）併購。

當時的大榮將「saving」自有品牌打造為暢銷商品。在 B to B，若無法計算報酬便不會進行投資，但在 B to C 因為「只要做出好東西就會賣」，較不易受景氣變化的波及。

3. 因其為商品銷售

即使同為 B to C，在網路上有內容產業、商品銷售兩個選項，我選擇了後者。

我創業當時是 2000 年左右，網路應用多少受到法律規範。

此外，技術也有一夕驟變的可能。為了避免創業受技術層面的影響，我覺得以實體商品為載體的收益比較安全。這麼一來，即使環境出現急遽變化，改以報紙或目錄等其他的媒體平台進行銷售也是可行的。

為何經手北海道特產？

就這樣我在 2000 年，在大阪的自宅成立了網路販售北海道特產的「北海道.co.jp」（現已轉讓給其他公司經營）。生於神戶、在神戶長大的我，經手販賣北海道特產有 3 個理由。

其一純粹就是「喜歡北海道」。我受到暢銷連續劇《來自北國》的影響，在創業之前就去北海道旅行過 20 次左右。我想若是從事與北海道相關的工作應該可以持續一輩子。另外一點是，北海道的特產與日本其他的都府縣相較，具有壓倒性的優勢。

它們種類豐富，如螃蟹、海膽、哈密瓜、醃漬魚卵、玉米、蒙古烤肉（成吉思汗羊肉燒肉料理）、火腿、起司、香腸、拉麵等。北海道的特產比其他都府縣特產的合計總數還更多。

亞馬遜的創業者貝佐斯評估各式各樣的經手商品後，最終選擇以書籍為主力。我也認為一定要發展特定領域，因此選擇北海道特產。

還有一點則是因為北海道特產在亞洲的知名度很高。將來要進軍國際，北海道的形象將具有絕對勝算。

用資本 1 萬日圓、1 部電腦起家

我用本金 1 萬日圓成立兩合公司[3]，把一部電腦操到天昏地暗、無片刻休息，尋找交易對象。

雖然我分別打了電話給 100 家北海道公司，但對方的回應多為「在網路

3　按照《台灣公司法》第二條規定，兩合公司指一人以上無限責任股東，與一人以上有限責任股東所組織。其無限責任股東對公司債務負連帶無限清償責任，有限責任股東就其出資額為限，對公司負其責任之公司。

上買東西？沒有這種人啦」、「我不會把東西賣給沒有實績的公司」等，幾乎都被拒於門外。

當時尚未出現網路銷售的成功案例，是只要每月有 100 萬日圓的網路銷售額，就可以以「成功者」身分出書的時代。

在這樣的狀況下，我卻奇蹟似地約到了拜會時間，到北海道去拜訪一家家公司，我表明：「我絕對會成功的。為什麼？因為在成功之前，我都不會放棄。」最後，我找到了四家願意交易的供應商。

這四家公司販賣的商品有：螃蟹、火腿／香腸、乳製品與魚板等。

首先，我自己製作銷售網站。收到顧客的訂單，將訂單內容傳真給供應商下訂，請供應商直接寄送商品給顧客。收到顧客的貨款後，我再支付給各家供應商。因為是客人事先付款，所以我不需要準備資金。

我用這種方式就能夠從零資金開始創業。

經過 1 年之後，公司月營業額達到 100 萬日圓。但是，我卻花了許多錢。最初 2 年，我自己一毛薪水都沒有，還住在老家。因為付薪水給幾個打工的夥伴，就無法付錢給自己了。

因網購詐騙而失去全部財產！

創業後經過 1 年半。到了這個階段，大家如果在網路搜尋「北海道」與「特產」時，敝公司網站就會出現在搜尋結果的前幾位，也經常有其他公司的請託「希望我們可以銷售它們的商品」。

這些當然不是我們公司製造的產品，是從北海道公司進貨後，再銷售給全日本的顧客，因此即使是 B to B 也僅產生少數的手續費。雖然我原本並沒有從事 B to B 的打算，這卻讓人產生了鬥志。

當我聽到某間公司表示「我們想要訂購 120 萬日圓份的商品」時，我心動了。

當然，我也高度懷疑自己可能碰上詐騙。但拿對方的商業登記謄本一看，發現其歷史悠久，是從以前就經營至今的公司。去對方的公司走一趟也發現公司員工人數很多。

這排除了我的疑慮。

這次交易經手的商品是螃蟹。交貨後，我到那家公司去拜訪，對方表示「我們到目前為止進了許多不同地方的貨，但你賣的螃蟹最好吃，我們想要再買一次」，我聽完欣喜若狂、手舞足蹈。而且，對方還說：「即使我們要買，你們這個價格有賺頭嗎？沒問題嗎？」擺出一副很關心的樣子，讓我深信「這個人是好人」。

但是，匯款日當天錢卻沒有入袋！

我急匆匆地趕去那間公司查看，對方門口卻貼著「破產」的紙條。

旁邊還標示了「有問題，請聯絡這家律師事務所」的資訊，我立刻打電話過去，我猜想對方應該會這樣回答「這是敝事務所承接的案子」。

我束手無策。

之後我才知道，網購詐欺公司的專家會事先買下存在已久的冬眠公司，因為這會讓大家誤以為經手的公司頗有歷史。詐騙我的那間公司雖是在橫濱創業，但所在地與經營內容皆與創業當時完全不同。如今回想起來，公司陳設所擺放的簡單物品給人感覺就像是隨時都可搬家。他們堆著許多紙箱、商品的類型也是五花八門。

從「無收入壽命 0 個月」與身無分文重新出發

創業 1 年半，我好不容易存下來的 120 萬日圓分文不剩了。

這是偶然吧，我遭到詐騙的金額與自己手頭上的資金金額相同。

螃蟹的進貨成本是 120 萬日圓，我以 180 萬日圓售出，但沒有收到貨款。不能不付錢給廠商，我以手頭持有的資金支付，手上變得空空如也。

雖然讓周圍的人擔心了，我自己倒是看得很開。

「我既然沒負債，也沒有揹上借款。就當成是從現在開始創業吧。如此一來將來成功時，就可以把這段故事當成寫書或演講的材料了。」

雖然手上的資金歸零，但我有一年半的經驗值、交易對象和顧客名單。

我相信只要從事經營活動，就會被捲入不景氣或麻煩困難之中。

這是百分之百、毫無疑問的。

公司規模變大後，若失去全部資金，影響非常劇烈；但若只有這種規模便還可以捲土重來。從長期觀點而言，我在這個時間點，有這樣的經驗是非常幸運的。

身無分文的重新出發。無收入壽命「0 個月」。

Chapter 2

從銷貨收入作業系統轉換為利益作業系統！
銷貨收入最小化、利益最大化的法則

1 銷貨收入與利益併同管理的思考方式

銷貨收入提升、利益卻未提升的理由

我自創業以來，已過了 20 年。

北方達人的銷貨收入約 100 億日圓，營業利益約為 29 億日圓（2019 會計年度）。相對於許多公司 3% 的營業利益率，敝公司則為 29%。

因為公司員工人數很少，所以每個員工的人均營業利益率很高。

東京證券交易所（東證）一部上市企業的平均員工人數約為 7,300 人。每個員工的人均營業利益率約為 303 萬日圓（2019 年 12 月～2020 年 11 月決算資料）。敝公司的員工人數則為 125 人，因此每位員工的人均營業利益為 2,332 萬日圓（2019 會計年度）。與東證一部上市企業平均相較，敝公司每位員工的人均營業利益高出 7.7 倍。

許多人關注的重點是銷貨收入 100 億日圓。

但是，我認為有意義的則是營業利益 29 億日圓。

一般而言，大家都認為銷貨收入是多多益善，因此許多經營者都企圖追求銷貨收入的最大化。

經營者想要讓自己公司看起來更具規模，而能具體呈現規模大小的關鍵在於銷貨收入與員工人數。

提升銷貨收入並非壞事。提高銷貨收入，利益也一併提高一定沒問題。

但銷貨收入提升，利益卻沒有隨之提升才是問題所在。

利益若以總額來看，即使有盈餘，其中可能包含了訂單別、商品別的虧損。被銷貨收入追著跑的公司，即使單筆訂單、單項商品出現赤字，只要其他訂單有大量盈餘，整體的加總合計數字就能過關。

但若公司訂單原本就不存在損失？若不經手會導致虧損的商品呢？

不接受虧損訂單，銷貨收入就會下降。但是，**利益將會上升**。

2000 年左右，幾乎所有的網購銷貨收入都成長了，卻毫無利益可言，因為大家都認為利益會後續跟上。

但是，網路生意的發展速度很快。一邊虧損，同時獲得市占率，之後再回收資金的商業模式是行不通的。

舉例來說，公司為了增加市占率，而投放廣告。

投放廣告雖然一瞬間的銷貨收入會增加，卻會因為費用高昂而產生虧損。其後停下廣告，打算活用領先市占率的利基，希望回收先前的廣告投資。但是，在這個階段又會有競爭者加入，一口氣奪走市場需求。公司會在無法回收投資金額的狀況下破產。

我一路上看過無數家這樣的公司。

網路生意必須要逐步規律地回收利益。我到目前為止沒有改變此想法。

在現今這樣變化劇烈的時代下，投資前期即使提升了銷貨收入，到了投資回收期市場可能截然不同，因此無法回收利益的狀況所在多有。因此，有必要**將經營方式改為銷貨收入與利益併同管理**。

我自創業時代開始，便依據個別商品檢視銷貨收入的數字，思考商品的銷貨收入對於利益的貢獻程度。因為，每件商品的銷貨成本、銷貨完成前所需下的功夫與費用都不一樣。

若利益相同，銷售額愈低愈好

希望大家參考圖表 4。

A 公司 銷貨收入 100 億日圓－銷貨成本＆管理與銷售費用 97 億日圓
＝利益（營業利益）3 億日圓

＊營業利益率3%

B 公司 銷貨收入 10 億日圓－銷貨成本＆管理與銷售費用 7 億日圓＝
利益（營業利益）3 億日圓

＊營業利益率30%

一般而言，銷貨收入多會被視為「好公司」。

因此，大家應該會認為 A 公司比較好吧。但是，A 公司與 B 公司獲得的利益都同樣是 3 億日圓。

我希望各位注意的是，為了賺 3 億日圓的利益，需要花費多少成本。若以上面的算式來看，指的是銷貨成本、管理與銷售費用。

利益（營業利益）的計算方式如下：

利益（營業利益）＝銷貨收入－銷貨成本－管理與銷售費用（管銷費）

營業利益明明同為 3 億日圓，但 A 公司在銷貨成本與管銷費用上花了 97 億日圓，B 公司則花了 7 億日圓。因此兩家公司的成本大約是 14 倍的差距。B 公司壓倒性地更有經營效率。

具代表性的管理與銷售費用，則彙整於圖表 5。

圖表 4│銷貨收入到底是多一點好？還是少一點好？

營業利益相同的狀況下，
銷貨收入是多一點好？還是少一點好？

（單位：億日圓）

	A公司	B公司
銷貨收入	100	10
銷貨成本 & 管理與銷售費用	97 約14倍	7
營業利益	3	3
營業利益率	3%	30%

為了產生3億日圓的營業利益，需要花費多少成本？

↓

＊A公司為了產出3億日圓的營業利益，花費了「97億日圓」的成本

＊B公司為了產出3億日圓的營業利益，花費了「7億日圓」的成本就搞定

＊明明營業利益同為3億日圓，A公司比B公司多花了「約14倍」的成本，
經營方式非常沒有效率

銷貨收入低，經營徹底穩定的理由

在 A 公司工作的人會說「即使利益相同，但我們的銷貨收入比較多」；B 公司員工則應該會表示「即使利益相同，但我們的經營更有效率」吧。這些討論經常就像平行線般，淪為各說各話。

但是，若比較企業的安定性，則 B 公司絕對是勝出的。

希望大家參看圖表 6。

遇到不景氣或意外狀況，假設 A、B 公司的銷貨收入若同樣都衰退 10%。

A 公司的銷貨收入為 90 億日圓，B 公司則是 9 億日圓。

銷貨成本與管理與銷售費用可以區分為：與銷貨收入連動增減的費用（變動成本），以及必須固定支付定額、銷貨收入即使減少也不會隨之降低的費用（固定費用）。此處所謂的變動成本，假設占銷貨收入的 50%。

A 公司的變動成本由 50 億日圓下降 10%，變成 45 億日圓。但是，固定費用維持不變是 47 億日圓。銷貨成本與管銷費用合計由 97 億日圓，下降為 92 億日圓。

B 公司的變動成本由 5 億日圓降低 10%，成為 4.5 億日圓。但是，固定費用維持不變為 2 億日圓。銷貨成本與管銷費用總計由 7 億日圓，下降為 6 億 5,000 萬日圓。

所計算出來的營業利益如下所示。

A公司 銷貨收入 90 億日圓－銷貨成本 & 管銷費 92 億日圓

＝營業利益－2 億日圓

＊營業利益率-2.2%

B 公司 銷貨收入 9 億日圓－銷貨成本 & 管銷費 6 億 5,000 萬日圓
　　　　＝營業利益 2 億 5,000 萬日圓
　＊營業利益率 27.8%

B 公司的營業利益為 2 億 5,000 萬日圓，營業利益率為 27.8%，而能夠維持高收益率。

另一方面，A 公司居然淪為營業利益虧損的負 2 億日圓。

若利益數字相同，則銷貨收入少者對於風險的耐受程度較高，各位讀者應該可以理解吧。

銷貨收入 10 倍代表「風險 10 倍」

若利益金額相同，則銷貨收入高者其風險也較大。雖然實際經營的人應該很有感，但做生意經常會發生無法預料的意外狀況。

並且，**發生意外的數量並非與利益、而是與銷貨收入成正比**，因為商品數與顧客數等都較多。

銷貨收入 10 倍所代表的意義是「風險 10 倍」。

我在經營上小心翼翼、極端重視**提升客戶的滿意度**。

若客人能夠感到百分百的滿足，便離永續經營更近一步。但是，若一心追求提高銷貨收入，而在未經深思熟慮下讓顧客人數增加，則無法致力於執行提升每位客戶滿意度的方案。

銷貨收入提高，工作、員工人數增加，公司的規模也隨之成長。一般而言，這被視為好事。不過，因為這麼做，意外狀況也會增多，管理所需的功夫也會倍增，便無法著力於自己想做的事情上。因此，公司的規模成長並不

圖表5 │ 代表性管理與銷售費用

「銷貨收入」－「銷貨成本」－「管銷費用」=「營業利益」

銷貨成本	管理與銷售費用（管銷費）	營業利益
商品、服務的進貨，或者是製造所花費之費用	銷售活動之必要費用、企業整體的管理活動所花費的費用	由本業的銷售活動所賺得的利益

【代表性的管理銷售費用】
（為了銷售商品、服務所花費的成本）
—
人事費
業務部門的人事費
—
法定福利費[1]
相應於人事費之社會保險費
—
廣告宣傳費
電視、DM、網路等的廣告費
—
銷售手續費
用於銷售之支付平台、系統之手續費
—
差旅費
業務部門的移動交通費

【一般管理費】
（企業本身營運的必要成本）
—
土地與房屋租金
辦公室或倉庫的租金等
—
人事費
財會與管理部門之人事費
—
法定福利費
隨人事費而來的社會保險費
—
通訊電信費
公司內網路的通訊電信費
—
消耗品費
影印紙、筆等日常消耗品之費用

---

1 在台灣本項費用通常直接以保險費稱之，按照法律規定的提撥費率進行費用計算。

圖表6│銷貨收入多的 A 公司與銷貨收入少的 B 公司的利益比較

（單位：億日圓）

		A公司 減少10%		B公司 減少10%	
假設銷貨收入減少10%	銷貨收入	100	90	10	9
變動費用會隨著銷貨收入減少而相應降低	銷貨成本　變動成本 ※假設為銷貨收入的50%	50	45	5	4.5
固定費用基本上不會改變	管銷費　固定費用	47	47	2	2
銷貨成本與銷管費合計為？	銷貨成本&管銷費用合計	97	92	7	6.5
A公司轉為紅字，B公司則維持高收益率	營業利益	3	−2	3	2.5
	營業利益率	3%	−2.2%	30%	27.8%

見得都是好事。

自本業銷售活動所獲得的利益即為「營業利益」。

企業針對營業利益，檢視花費多少銷貨成本與管銷費用，便能判斷投資是否適切。雖然投入廣告宣傳費可提升銷貨收入，但營業利益卻會下降。

因此，銷貨成本、管理與銷售費用並非花多少錢都沒有問題。

在營業利益上，若銷貨成本與管銷費用太高，則支付浪費與無益的成本費用的可能性就很高。

若貴公司經營跟我們相同的網購生意，無限制地投放廣告則銷貨收入會無止境地一路增加。若銷貨收入未達 100 億日圓，只要大量投放廣告即可達成。不過，利益不會隨之提升。

因此，管理非常重要。目前我們雖然經常性地投放 5,000 則廣告，但我**會每天早上確認**成效。放棄無利可圖的廣告，只留下有利可圖者。

2 打造公司的利益體質，達成史上首度的 4 年連續掛牌上市

電子報發行量明明 3 倍，銷售額卻只有 1.3 倍

電商市場約在 2000 年前後在日本登場。當時原本透過網路購物的人就屈指可數，光只是在網站上發布商品資訊是賣不動的。電商業界全體都希望讓極度沒有興趣的人產生興趣、下單，大家不斷從錯誤中摸索，從中取得最

好的方法。

許多公司發行電子報，著墨於企畫與活動，藉以提升銷貨收入。

例如，在電子報寫下：「負責下單的員工明明應該訂 50 個商品，卻多了一個零，訂了 500 個商品，所以價格打 7 折。請大家務必踴躍訂購！」雖然無法得知真假，不過就行銷活動而言，這對銷售可能有幫助。

暢銷的網站每天都會思考企畫並發送電子報。

我過去曾每週發送 1 次電子報。以頻率來說，屬於次數少的。

之後，我將電子報的發送頻率從 1 週 1 次增加為 1 週 3 次。採購令人耳目一新的商品，將銷售關鍵字加以文字化。

公司業務量有所提升，我因此期待銷貨收入增加。

但是，銷貨收入僅成長了 1.3 倍。發送電子報的工明明花了 3 倍，銷貨收入卻只有 1.3 倍。此時，若你的思考方式是「只要銷貨收入能夠提升就好」，也可能會這樣嘗試。

每週 1 次　銷貨收入為 1

↓

每週 3 次　銷貨收入為 1.3 倍

↓

每週 7 次　銷貨收入為 1.5 倍

實際上，實施此種作戰方式的網路銷貨公司不在少數。

但是，我認為這樣的效率很差。順應趨勢，不斷地進行企畫案與各式活動，確實銷貨收入有所增加。

然而，為了讓銷貨收入提升所耗費的工夫或成本也會增加，利益卻因此減少。若不思考不發送電子報也能夠暢銷的方法，就無法將公司轉化為利益體質。

從「多產多死」到「少產少死」的經營

以「銷貨收入最小化、利益最大化」為目標，首先要貫徹「少產少死」的經營模式。

這就是指讓產品、服務「少產少死」。商品的開發要以**終身持續銷售**為基本假設。

商品開發的思考邏輯要以長銷為前提，而非萬一不行就放棄。

相較於此的是「多產多死」的經營模式。「多產多死」的經營方式會持續推出流行商品。其結構是不依賴單一商品，而是藉由經常替換商品來維持銷貨收入。人容易對新東西產生興趣。光是新鮮本身就是一種魅力。若要以此一決勝負，就必須經常性地持續製作新東西。

因此，「多產多死」的經營成本是很高的。

因銷售型態而異，成本也大相逕庭。敝公司除了網購以外，沒有經營其他業務。

但是，為了要最大化銷貨收入，同時從事網購與開設實體店頭販賣的公司很多。這樣的公司幾乎不論哪一項業務都呈現虧損。

若是我的話，就會集中強化收益具盈餘的業務，而放棄虧損業務。在經營者之中，有人說「網購與實體店頭販賣可以相互宣傳，具有加乘效果」。

但是，這樣做利益卻減少了。若兩者同時並行，則作業流程就必須有兩套，因此在員工教育與 know-how 的累積上，都要花費相當高的成本，也因

此擠壓到利益。

為何明明利益微薄，許多公司還是無法放棄網購與實體店鋪兩者皆有的經營方式呢？這是因為它們都重視銷貨收入。因為未將利益視為思考起點，而選擇採取提升銷貨收入的策略。

由矢澤永吉所觸發的「D to C」×「訂閱制」模式

敝公司開發「解決煩惱的商品」，並將這樣的商品送到客戶手中。我們也製作能夠讓顧客充分與適當使用商品的說明書，也提供免費的顧問諮詢服務。跟我們買過一次東西的客戶，我們便打算**與其終身交往**。

從創業初始，我在銷售上便懷抱著強烈的責任感。仔細選擇經手的商品、以易於理解的方式說明，希望能夠讓客戶打從心底感到滿足。

但是，商品數量增加，責任也就相形加重。在經手北海道的特產時，我便感到「如果商品數持續這樣增加，會超出自己的負荷」。

在那個時期，我遇見了以奧利多寡醣製作而成、「改善便祕」的健康食品，這成為爆發性的暢銷商品。

細節將在第 4 章詳述，那件商品之後也持續穩定銷售。

此時我所讀的某本書中，提到了日本搖滾天王矢澤永吉的一段話。

他主張**「曾買過一次我專輯的客人，我就要跟他們交往一輩子」**。我也打算跟買過一次自家商品的人交往終身。

就這樣，「北方達人」的商業模式確定了。

一言以蔽之，就是「**D to C**」與「**訂閱制**」（subscription）。

所謂 D to C 是「Direct to Consumer」的簡稱，即善用網路、直接銷售商品給顧客的商業模式。

雖然很多人對訂閱制的印象是，針對 APP 每月收取費用，但敝公司所指的則是**定期購買**。我們經手的是像健康食品、化妝品等 1 個月就會用盡的商品。因此若能夠讓客戶滿意，他們便會每月回購。

我們的商業模式是以長期銷售高品質商品為目標，**定期購入占銷貨收入總額的比率高達 7 成**。而這也是產出利益的泉源。

利益是目的，銷貨收入是過程

為了改變公司的利益體質，我們需要**設定利益目標**。

要說這是無收入壽命亦可。

許多人都是持續進行昨天的工作，並認為總有一天會抵達終點。

但是，用至今為止一樣的方式往前走也無法到達終點。從設定目的地到修正軌道也都是可能發生的。

必須要徹底自問自答，我是否要持續做同樣的事情、是否需要改變工作的優先順序或執行方式。

因此，需要每個月調整利益目標的設定。

發現跟利益無關的工作，就要停下腳步。

此時僅用總額來看利益是不夠的，**要以業務別來管理利益**。確認各業務別是否有利可圖，若無利可圖就全數排除。

許多人會說「如此一來，銷貨收入不是反而會下降嗎」，但本來就不用追求銷貨收入。

成本也並非不分青紅皂白一律降低就好。

適當的投資是必須的。

但是，**必須經常以數字來評斷執行策略與利益之間的關聯**。

敝公司則是利用第 3 章介紹的**五階段利益管理法**當成管理上述數字的手段。若懶惰而疏於判斷策略與利益的關聯、過於樂觀地評價執行策略，公司立刻就會產生赤字。

「投放這個廣告，總有一天利益會提升吧」，如此既無期限也沒有根據的發言是不行的。

銷貨收入與利益是無法相提並論的。**利益是絕對目的，而銷貨收入為其過程。**

東證一部上市與銷售及員工人數無關

我過去曾有「若非大公司，是不可能在東京證券交易所一部（東證一部）上市的」這種根深柢固的偏見。不過檢視上市的基礎條件，我發現東證一部**並沒有任何對銷貨收入金額或員工人數的規範。**

敝公司在重視利益的經營管理下，連續 4 年（在不同的證券交易所）掛牌上市。這是**史上首次。**

2012 年 札幌證券交易所新興市場（ambitious）上市
2013 年 札幌證券交易所本則市場（一般市場）上市[2]
2014 年 東京證券交易所（東證）二部上市

2　札幌證券交易所成立於 1950 年，分為新興市場與本則市場，前者主要是以預期將來於本則市場上市之中小、中堅企業的育成市場。於札幌證券交易所上市者多為北海道當地企業，據 2021 年 12 月 10 日統計資料，目前共有 58 家公司在札幌證券交易所上市，其中 48 家屬本則市場。

2015 年 東京證券交易所（東證）一部上市[3]

我在第 1 章曾提及，自己參加過龍馬學生企業。創業者真田哲彌現在是東證一部的 Klab 股份有限公司的會長，另外一位創業者西山裕之則是同為東證一部上市公司 GMO 網際網路股份有限公司的副社長。

我在札幌證券交易所新興市場上市之際，龍馬公司開了同學會。

西山之前是 GMO 網際網路的子公司「GMOAD Partners」的社長，公司在成立後 364 天即在 JASDAQ（當時為 NASDAQ JAPAN）上市。這在當時是公司成立後、史上最快達成的上市紀錄。

真田則是在新興市場上市後 8 個月，即在東證一部掛牌上市。這在當時也是史上最快的紀錄。因為兩位前輩都曾經是上市紀錄的保持人，讓我也想要創造紀錄。

但是，我並不打算增加銷貨收入的金額或公司規模。一般而言，企業多是想先最大化銷貨收入、在削減成本的同時，創造利益。

敝公司的構想則是**完全相反**。我們以利益目標為優先，思考為了達成此目標所需的**最低銷貨收入目標**。

3　東京證券交易所（東證）為日本最大之證券交易所，據 2021 年 12 月 10 統計資料，東證一部共有 2,183 家上市公司、二部則有 470 家。另 2021 年東證宣布於 2022 年 4 月 4 日起將現有之東證一部、東證二部、JASDAQ（Standard、Growth）、Mothers（新興市場）四個區分市場整併成為 Prime、Standard 及 Growth 三個市場。因目前東京證券交易所之市場區分要件不明確，許多原在新興市場上市的公司改往一部上市、現行下市基礎或一部轉二部之基準門檻不高，因而各市場之品質參差不齊。

3 老闆對新進員工談論的 「利益」話題

賺錢不道德嗎？

為了打造公司的利益體質，老闆必須重複論述利益的重要性。

這是為了讓員工都換上利益導向腦袋。

金錢觀因人而異，也有人認為賺錢不道德。

員工必須在下述事情上，抱持共同的想法，例如何謂利益、提升利益具有何種社會意義，以及日常工作與利益之間存在什麼關係。

接下來，我要介紹能呈現「北方達人」思考利益方式的故事。

我會直接幫大學剛畢業的新進員工、轉職而來的員工上課。轉職的員工中，有許多在之前職場、徹底被灌輸「給我提升銷貨收入」的教育。因此我希望他們能重新思考什麼是銷貨收入、何謂利益。

我針對經營者舉辦的講演中也曾提過這些內容。雖然這非常基礎，但希望各位讀者將其視為課程的實況轉播來閱讀。

賺錢的公司能造福許多人

A 君用自己製造的鋤頭耕田。

有一次，A 君看到 B 君在耕作旁邊的另一塊田，大吃了一驚。因為 B 君手握了一把特別訂製款式的鋤頭，在相同的時間內可以完成兩倍的工作量。

A君拜託對方「務必幫我做個一模一樣的鋤頭」。

B君回答「幫你做沒問題，但是幫你，我就沒時間耕作自己的作物了。如果你可以分給我、相當於我幫你製作鋤頭所花時間的農穫，那我就答應你」。

就此誕生了以物易物（圖表7）。

最後B君的鋤頭大受好評。某次C君、D君、E君都帶著作物，去拜訪B君。

「B君，我準備了這些作物，你也可以幫我們做特定樣式的鋤頭嗎？」

B君感到困擾。因為就算他得到很多作物，在吃之前都腐壞了。

結果C君提議：「那我們提供你有需要時、可以交換作物的兌換券。若是這樣，如何？」並將兌換券交給對方。

就這樣，貨幣因此誕生了（雖然在現實中金兌換券是由黃金來保障價值的）。

兌換券1張＝特製的鋤頭＝等同製作鋤頭所需時間產生的農作物

這三者的價值被畫上等號。如同圖表8所示，物品或服務的價值被金錢所代換（此處則為兌換券）。

金錢對人有助益。

所謂的價值便是能夠為他人提供多少貢獻。是否有助益，是否具有價值，這是由**出錢**的一方決定。即使自認「我對他人有所貢獻」、「我拚了命地工作」，但若對方不這麼想的話，是不會付錢的。

我若唐突地對你說「給我1萬日圓」，你應該會斷然拒絕吧。

那麼，在何種狀況下你才會願意給我1萬日圓呢？

圖表 7｜以物易物的誕生

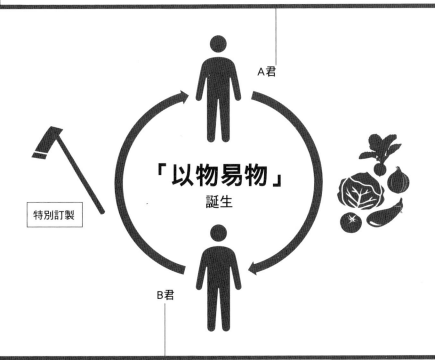

圖表 8｜何謂金錢？

兌換券1張＝特別訂製的鋤頭＝農作物

以上三者變成等值！

特別訂製

將物品或服務的「**價值**」以紙張來代換。

此時所換得的紙張就是「**紙鈔（金錢）**」！

　　那就是當這 1 萬日圓對你有貢獻的時候。換言之，若我無法提供相對於該金額的貢獻，是絕對收不到錢的。

　　B 君製作了許多特別樣式的鋤頭，收到了許多錢。對他人產生貢獻的程度或收到金錢的金額，便是 B 君對於社會的貢獻程度（圖表 9）。

　　那麼，每天的日常工作中又是如何？提供具有各式各樣價值的物品、服務。這些價值（物品、服務）被衡量，而收取具有對價關係的報酬。換言之，運作中的公司對他人是有所貢獻的（圖表 10）。

　　衡量公司到底對世間有多少貢獻的指標，我曾聽過這樣的說法。

可有可無的公司（偶爾看到才會購買）→年營業額 5 億日圓以下
有它會很方便的公司→年營業額 10 億日圓以上
若無它會很困擾的公司→年營業額 100 億日圓以上

　　因此，許多創業家的目標都希望公司成長為年營業額 100 億日圓以上。

利益到底是什麼？

　　那麼，B 君提供鋤頭並獲得相應貢獻的對價。這是透過銷貨收入**將其貢獻程度加以數量化**的結果。

　　到底何謂利益？利益指的是在銷貨收入中，**將自身產出的附加價值加以數量化**。

　　鋤頭雖是 B 君製造，但因為必須購入材料如木料、鐵等，並非所有都由 B 君自己產出。而銷貨收入即是 B 君製作鋤頭價值的合計總數，利益指的則是其中由 B 君自行生產出的附加價值。

圖表 9 「對他人有所貢獻」與賺大錢

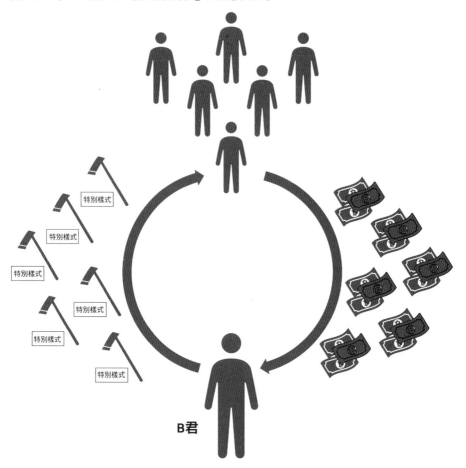

愈是對他人有貢獻的人，就能得到愈多的金錢

圖表 10 賺錢的公司

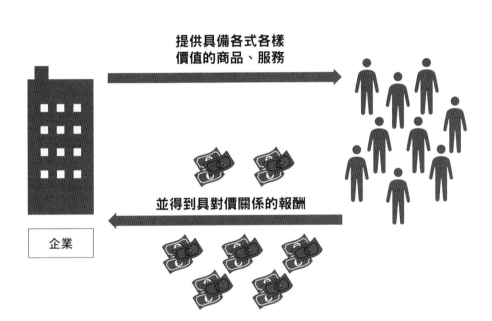

現代的狀況⋯⋯

提供具備各式各樣
價值的商品、服務

並得到具對價關係的報酬

企業

賺錢的公司＝對許多人有所貢獻的公司

如果僅僅是銷貨收入，很容易可以增加。你思考著希望對他人有所貢獻，而向 B 君批貨購買鋤頭。購入 10 把每把 1,000 日圓的鋤頭，再以每把 1,000 日圓的代價賣給 10 個人。不管是向 B 君或跟你購買，品質與價格都是一樣的。顧客只是因為偶爾看到而向你購買。

雖然銷貨收入是 1 萬日圓，但利益是零。

銷貨收入 1 萬日圓（1,000 日圓×10 把）－成本 1 萬日圓（1,000 日圓×10 把）＝利益 0 日圓

銷貨收入雖然提升了，但你對這世界有貢獻嗎？

在企業中，也有銷貨收入 100 億日圓，但幾乎毫無獲利者。

假設以銷貨收入 100 億日圓為銷貨收入目標。為了要達到此目標，如同圖表 11 所示，以比價網站的最低價格，訂購了某家製造商的 1 台 10 萬日圓的電腦 10 萬台。成本是 100 億日圓。

而在相同的比價網站上銷售，同樣以最低價 10 萬日圓為售價。

因為品質相同、價格又同為最低價，顧客只是向偶爾看到的商家購買。進貨 10 萬台 1 台 10 萬日圓的電腦，以 1 台 10 萬日圓的價格售出 10 萬台，達成銷貨收入 100 億日圓的目標。

但是，利益為零。

銷貨收入 100 億日圓（10 萬日圓×10 萬台）－成本 100 億日圓（10 萬日圓×10 萬台）＝利益 0 日圓

圖表 11｜銷貨收入 100 億日圓、利益 0 日圓

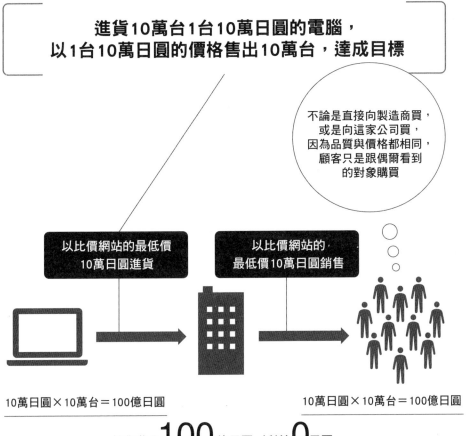

進貨10萬台1台10萬日圓的電腦，
以1台10萬日圓的價格售出10萬台，達成目標

不論是直接向製造商買，
或是向這家公司買，
因為品質與價格都相同，
顧客只是跟偶爾看到
的對象購買

以比價網站的最低價
10萬日圓進貨

以比價網站的
最低價10萬日圓銷售

10萬日圓×10萬台＝100億日圓

10萬日圓×10萬台＝100億日圓

銷貨收入**100**億日圓／利益**0**日圓

**但是，若進貨而來的物品沒有任何附加價值
即使「銷貨收入」增加，也不會產生任何「利益」**

若進貨物品無法帶來任何附加價值，那麼即使銷貨收入增加也不會產生利益。

直接進貨已對世間有所貢獻的商品、以原本的價格販售，雖然銷貨收入增加，但利益卻不會提升。

這就代表你本身對於世間無所貢獻。

那麼，如同圖表 12 所示，在這台電腦上加上 10 年保固，並以 11 萬日圓的價格進行銷售。

若顧客直接向原本的製造商買的是較低的 10 萬日圓，向你公司購買雖然貴 1 萬日圓，但商品卻有 10 年的保固。若有 10 萬人認同 10 年保固有價值的話，便會產生這樣的狀況。

銷貨收入 110 日圓（11 萬日圓×10 萬台）－成本 100 億日圓（10 萬日圓×10 萬台）＝利益 10 億日圓

另一方面，若有許多人不認同 10 年保固有價值，或者是認為 1 萬日圓太貴，則不論是銷貨收入或利益都不會增加。不可忘記的是，是否有價值、**利益是否適當是由顧客所決定的**。

即使是年營業額 100 億日圓的公司，若無法產出利益便無存在價值。銷貨收入沒有任何意義。利益才能夠表現出公司的貢獻程度。利益是公司是否真的具有貢獻的指標。

圖表 12 ｜ 銷貨收入 110 億日圓、利益 10 億日圓

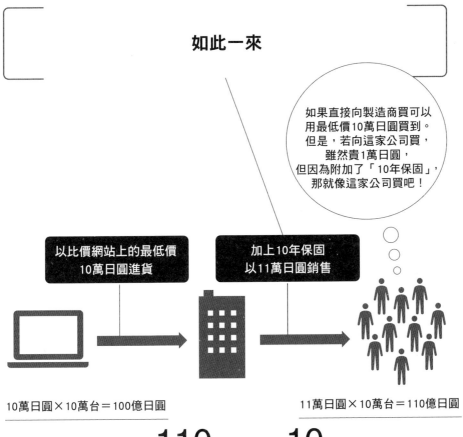

如此一來

> 如果直接向製造商買可以用最低價10萬日圓買到。但是，若向這家公司買，雖然貴1萬日圓，但因為附加了「10年保固」，那就像這家公司買吧！

以比價網站上的最低價 10萬日圓進貨

加上10年保固 以11萬日圓銷售

10萬日圓×10萬台＝100億日圓

11萬日圓×10萬台＝110億日圓

銷貨收入**110**億日圓／利益**10**億日圓

**若這些商品全數銷售出去
11萬日圓×10萬台＝110億日圓的銷貨收入
110億日圓－成本100億日圓＝10億日圓的利益**

已提升利益的公司應該要做什麼？

將利益設定為公司目標並充分提升後，公司接下來又應該做什麼？

希望讓世人更喜悅、快樂，又該怎麼做才好？

某個員工這麼說：「老闆，我們已經充分達標必要的利益了，接下來就通通免費吧。」

如此一來訂單將如雪片般飛來。會發生有人拿得到商品、有人拿不到商品的狀況。以前，向我們下單的顧客應該會覺得「不公平」吧。這對顧客而言非常失禮。

員工聽完又改變了想法，如此說：「果然還是以收費的方式來販賣、提升利益，將超過利益目標的金額捐贈出去吧。這才是真正的社會貢獻。」

但是，打算要捐款時才注意到有各式各樣的公益團體。它們為貧困與食物不足所苦的人、無法上學的孩子、遭受地震或豪雨受災的人……世上有許許多多困頓之人。

將錢捐給偶然透過新聞得知的人或公益團體，這樣真的好嗎？

世上應該還有更困苦的人吧。若真能清楚掌握所有困苦的人、決定優先順序一一捐助當然很好，但這要靠一己之力達成非常困難。

那麼，該怎麼做才好呢？

為此才有國家行政與稅收制度的存在。

專注於本業產出利益，透過納稅有所貢獻，而非將錢捐給不熟悉的領域。在社會中，將超過必要以上的利益，以繳稅的形式還給社會。

國家行政以各地蒐集到的資訊，決定要將錢以多少金額、分配到哪裡去。公司賺得的利益透過行政單位，分配到兼顧整體平衡、讓每個人都變得更幸福、適當的地方去。

在「累進稅率」的制度中，賺取的利益愈多，則所需支付的稅率也愈高（圖表 13）。

生活上必要的、最低限度的金額，不論是誰都不會有太大的不同。因此賺得愈多、稅率愈高是非常易於理解的制度。錢賺得多了，就繳納相對於此的稅賦，將工作所得還本於社會。因此可以透過賺取更多利益，來達成對世間有所貢獻的目標。

員工的人均利益對決！「北方達人」vs.「豐田汽車」「NTT」「三菱 UFJ」「KDDI」「三井住友」，哪一家公司高？

企業提供對社會有貢獻的商品、服務，並獲取相對其貢獻度的對價報酬。若是沒有貢獻，便不能收取對價報酬。

只有展現貢獻的程度才會產生利益。若無貢獻便不會出現利益。

接著將產生的利益用於納稅。稅金成為政府員工的薪水，而政府員工將無償或便宜的行政服務提供給市民。

那麼，非營利團體又是如何運作的呢？

他們部分活動仰賴補助款、輔導金這些稅金，以及企業捐款的支持。

有一次，我遇見了「想要對世間有貢獻」而去當義工的年輕人。這個人當然並未跟他服務的對象取得對價報酬。

那麼，他自己又是靠什麼過活的呢？他靠著父母的匯款過日子。真正支持這個世界運轉的不是這個年輕人，而是他父母才對吧。

雖然義工非常重要，但要判斷非營利或無償的服務是否真能有所貢獻是很困難的。

若是有償，即可「就算得花錢也很想要」「若得花錢就不要了」能涇渭

圖表 13｜累進稅率制

累進稅率＝賺取的利益愈多，所需支付的稅率也愈高的制度

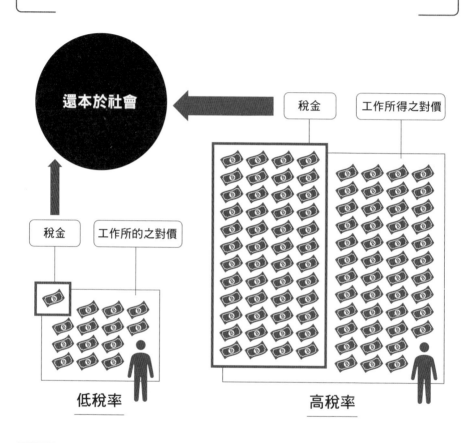

還本於社會

稅金　　工作所得之對價

稅金　　工作所的之對價

低稅率　　　　　　　　　　　高稅率

許多勤奮工作的人，透過納稅的方式
將工作成果還本於社會。因此，
為了要對世間更有貢獻，就要賺取更多的利益

分明地區別；但若是無償，便很難分辨「若免費就想要」「雖然極度想要、但沒有錢」。

在開發中國家鑿井，過了三個月水井就壞了，誰都不去修理就讓它毀壞荒廢的狀況所在多有。之所以不修理，也許是因為此處原本就不需要水井。在這些國家鑿井變成只是（義工／捐贈者）的自我滿足。

但是，我並非否定捐贈的意義。

為了援助 2018 年 9 月 6 日在北海道發生「胆振東部地震」的災區，我個人捐贈了 1 億日圓。

震災發生後，許多員工的自家住宅停電、交通機關全面停擺，全市區大多數的交通號誌也都停止運作。找不到地方住宿的人聚集在札幌車站，便利商店的周圍大排長龍。

後來靠著各方相關人員的奮力不懈，都會區的復原作業步上軌道，但人口稀少區域的恢復、復興則被認為需要更長的時間才有辦法完成。

我們作為北海道的企業，祈願全北海道早日復興，希望能夠優先對此區提供支持與援助。

除了這樣的特殊狀況之外，納稅更能對社會有所貢獻。企業若不產出利益並繳納稅金，在這個世界是無法成立並運作的。論其原因，因為虧損企業幾乎都是沒有負擔納稅義務的（圖表 14）。

「北方達人」的利益是 29 億日圓。在這世上比敝公司貢獻度更高（利益更多）的公司多不勝數。但是，我們每位員工的人均利益是 2,332 萬日圓（2019 會計年度），比在圖表 15 中、營業利益名列前茅的 5 家大公司的金額更高。

圖表 14│義工與盈利、虧損企業之間的關係

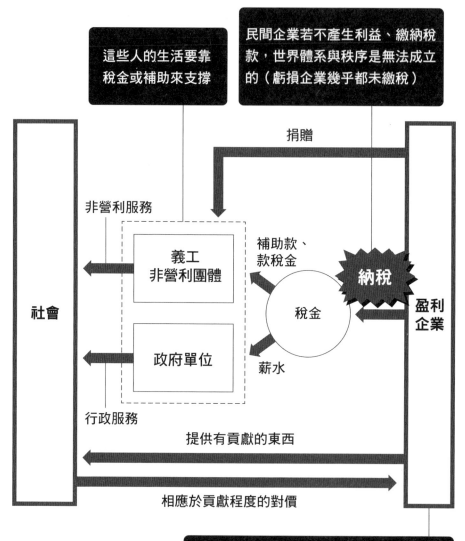

因法人稅[4]是針對利益額加以課稅，員工的人均法人納稅額較大企業更高，可以說敝公司員工比起大企業員工，對世間更有貢獻。我告訴員工「希望你們都發現自己在撐國家而覺得驕傲」。

提升利益所支付的稅金被用於社會。更進一步而言，為了確保稅金被有效地運用，必須要選出值得信賴的政治家。

企業提升利益就相當於提供讓顧客願意掏錢、令人滿意開心的商品、服務，對客戶做出貢獻。而且，再將利益以稅金的形式回饋社會，對於社會整體皆有貢獻。企業透過這兩種形式貢獻社會。

總而言之，銷貨收入是將企業貢獻程度的總數加以數值化的結果。而所謂的利益則是其中自家公司產生附加價值的部分。所謂的社會貢獻即是努力工作。所謂的賺取金錢即是社會貢獻。

因此，利益是很重要的。

將銷售額作業系統調整為「利益作業系統」

以上是呈現「北方達人」關於利益思考方式的故事。

我採用這些故事有兩個理由。

其一是希望讓應屆畢業生員工思考「何謂金錢」。

另一個則是讓轉職而來的員工思考「為何利益如此重要」。

應屆畢業生員工通常能夠立刻理解這些內容，相反地，另一群員工會抱持「為何比起利益，世界上的公司更重視銷貨收入呢」的疑問。此外，後者也會產生這類感想：「我知道每天工作的意義了。」「因為想要對這個世界

4　相當於台灣的營利事業所得稅。

圖表 15 │ 與五家大公司的員工人均利益比較

> ### 在這個世界上，有許多遠比敝公司更有貢獻
> ### （產生更多利益）的公司

東證一部上市公司營業利益前5名

	公司名稱	營業利益	員工人數	員工人均利益
第1名	豐田汽車	2兆4,429億日圓	35萬9,542人	679萬日圓
第2名	NTT	1兆5,622億日圓	31萬9,052人	490萬日圓
第3名	三菱UFJ 金融集團	1兆2,358億日圓	13萬8,570人	892萬日圓
第4名	KDDI	1兆252億日圓	4萬4,952人	2,280萬日圓
第5名	三井住友 金融集團	9,320億日圓	8萬6,443人	1,078萬日圓
		〜		
	北方達人	29億日圓	125人	2,332萬日圓

> 員工人均收益較營業
> 利益排名前5名的公司都來得高

> 可以說敝公司的員工，比大公司的員工
> 對這個世界更有貢獻

以2019-2020年度、東證一部上市公司之有價證券報告書為基礎，此表由作者編製

有貢獻，我曾經打算去當義工；但現在理解只要拚命專注於眼前的工作就夠了。」

轉職而來的員工，因為受到前職經驗的影響，浸染了「重視銷貨收入」思考方式的人非常多。因此我以電腦基礎架構的作業系統（OS，Operating System）來打比方，提到「若你以至今為止的作業系統，是無法理解『北方達人』的做法的吧」。

以大幅提高銷貨收入與以大幅提供利益為目的的行動是完全不同的。因此，將**銷貨收入 OS** 代換為**利益 OS**，希望以此為基礎，再將至今為止的經驗以 APP 的方式載入作業系統中吧。

此外，若有人在日常業務上忘記利益的重要性，我便會提到「銷貨收入不論是誰都能提升所以沒有意義，這一開始就告訴大家了吧」。

我若在針對經營者的演講中提及上述內容時，很多人會這樣說：「我們沒想過自己是為了什麼要產生利益的。」「一次都沒想過產生利益也是對社會有所貢獻。」

那麼，確認大家都了解利益很重要的說明就到此為止。從下 1 章開始，我終於要解說將公司的經營策略與利益連動的**五階段利益管理**了。

Chapter **3**

一目了然公司弱點的
「五階段利益管理」

1 區別銷售額高、利益低的商品
與銷售額低、利益高商品的方法

將「隱藏成本」可視化，打造公司利益體質的「五階段利益管理」

我沒有資金就開始創業。「如果失敗了，連飯都沒得吃」，所以總是戰戰兢兢的。

即使銷售額提升、但無法產出收益的話，公司依然會倒閉。公司真的賺錢嗎？是否有些成本與銷售額不相干？我從創業一開始，便針對每項商品的成本一一加以計算、估量。

長年持續這麼做下來，我因此發現了「看這裡便知道」的關鍵。

以此為開端，我獨創了管理會計，稱其為「五階段利益管理」。

五階段利益管理，是透過以下的五個階段，分別從商品、服務來可視化利益的方法。

【利益①】銷貨毛利（毛利）

【利益②】淨毛利（自創詞語）

【利益③】銷貨利益（自創詞語）

【利益④】ABC 利益

【利益⑤】商品別營業利益

推敲並削減不論在何種業務中都潛藏的「隱藏成本」，藉此將公司改造為獲利體質。

這麼做的好處是**能一目了然相較上個月利益增減的重要原因**。

也許有讀者認為此方法只對如敝公司一般、經營網路業務的公司有效。

但是，這種想法是錯誤的。**五階段利益管理法適用於任何業種。**

事實上，有些從事其他產業的人，在演講等場合得知五階段利益管理、加以實踐，發出了這樣的感動迴響：「我們依照不同的部門，分別進行五階段利益管理的結果，赤裸裸地呈現出營運順暢和並非如此的部門。」「我們至今的做法是將全部商品的收益與成本一同彙整、考量。若按照商品別分別計算，則獲利商品、虧損商品一清二楚。」

成本可以區分為對利益有貢獻者與毫無貢獻者。

將隱藏成本分階段找出來，透過淘汰對利益無貢獻的成本和策略來提升利益率。對打算確實管理利益的人而言，是非常易於使用的工具。

從商品別，確認利益

首先，我先從銷貨收入扣除成本，計算各階段五種不同的利益。

希望各位讀者搭配圖表 16 來閱讀。

這是彙整了某家公司的商品①、②與③一個月的銷貨收入與利益資料的「**五階段利益管理表**」。合計銷貨收入為 1 億日圓。

以商品別來看，商品①的銷貨收入為 6,000 萬日圓、商品②為 3,000 萬日圓，商品③則為 1,000 萬日圓。而銷貨收入最高的商品①，實際上到底對公司利益是否有貢獻？將圖表 16 的利益①～⑤，透過圖表 17～22 逐一加以分析吧。

圖表 16 │ 一目了然公司弱點的「五階段利益管理表」

（單位：萬日圓）

	全商品合計	商品①	商品②	商品③
銷貨收入	10,000	6,000	3,000	1,000
銷貨成本	5,600	3,500	1,800	300
利益①銷貨毛利（毛利）	4,400	2,500	1,200	700
銷貨毛利（毛利）率	44%	42%	40%	70%
訂單連動費用（信用卡手續費、運費、捆包材料費、一同寄發的印刷物、贈品與附屬品等費用）	500	300	150	50
利益②淨毛利	3,900	2,200	1,050	650
淨毛利率	39%	37%	35%	65%
行銷費用（主要為廣告費）	1,990	1,600	350	40
利益③銷貨利益	1,910	600	700	610
銷貨利益率	19%	10%	23%	61%
ABC（Activity-Based Costing）	190	50	120	20
利益④ABC利益	1,720	550	580	590
ABC利益率	17%	9%	19%	59%
營業費用（租金、間接業務的人事費用等）	700	420	210	70
利益⑤商品別營業利益	1,020	130	370	520
商品別營業利益率	10%	2%	12%	52%

左側標註：

- 商品別毛利
- 每份訂單必定會產生的成本
- 毛利－訂單連動費用＝淨毛利（自創詞語）
- 淨毛利－行銷費用＝銷貨利益（自創詞語）
- 商品別人事費用

*商品①的銷貨收入雖有6,000萬日圓，但這是下了許多廣告費的結果，商品別營業利益僅有偏低的130萬日圓

*商品③的銷貨收入雖僅有1,000萬日圓，但毛利率高，因行銷費用、ABC都並不太高，商品別營業利益高達520萬日圓

【利益①】銷貨毛利（毛利）

第一項利益為「銷貨毛利（毛利）」。

銷貨毛利（毛利）＝銷貨收入－銷貨成本

銷貨毛利（毛利）是由**銷貨收入減去銷貨成本**所得出。所謂銷貨成本，指的是商品在進貨或製造時所花費的費用。可以看出**銷貨成本對於利益的影響**。在圖表 16 中，銷貨毛利（毛利）的合計金額為 4,400 萬日圓。商品別的銷貨毛利（毛利）則為商品①2,500萬日圓、商品②1,200 萬日圓與商品③700 萬日圓（圖表 17）。

全商品合計 銷貨收入 1 億日圓－銷貨成本 5,600 萬日圓＝
銷貨毛利（毛利）4,400 萬日圓
＊銷貨毛利（毛利）率44%

商品① 銷貨收入 6,000 萬日圓－銷貨成本 3,500 萬日圓＝
銷貨毛利（毛利）2,500 萬日圓
＊銷貨毛利（毛利）率42%

商品② 銷貨收入 3,000 萬日圓－銷貨成本 1,800 萬日圓＝
銷貨毛利（毛利）1,200 萬日圓
＊銷貨毛利（毛利）率40%

商品③ 銷貨收入 1,000 萬日圓－銷貨成本 300 萬日圓＝
銷貨毛利（毛利）700 萬日圓
＊銷貨毛利（毛利）率70%

圖表 17 | 【利益①】銷貨毛利（毛利）的計算方式

（單位：萬日圓）

	全商品合計	商品①	商品②	商品③
銷貨收入	10,000	6,000	3,000	1,000
銷貨成本	5,600	3,500	1,800	300
利益①銷貨毛利（毛利）	4,400	2,500	1,200	700
銷貨毛利（毛利）率	44%	42%	40%	70%

銷貨成本……銷售商品之進貨或製造所花費的費用

銷貨毛利（毛利）率的變化與公司應採取的行動

☆銷貨毛利（毛利）率較前月提升→則表示「銷貨成本率」較前月下降。分析銷貨成本率下降的原因，檢討是否可以將此應用在其他商品上

★銷貨毛利（毛利）率較前月下降→則表示「銷貨成本率」較前月增加。分析銷貨成本率增加的原因（處分庫存、存貨評價損失、進貨價格高漲等），若有問題須檢討對策

【利益②】淨毛利（自創詞語）

第二項利益則為「淨毛利」，此為敝公司的自創詞語。

淨毛利＝銷貨毛利（毛利）－訂單連動費用

淨毛利（毛利）是由**銷貨毛利（毛利／利益①）減去訂單連動費用**所得出的。

「訂單連動費用」也是敝公司的自創詞語。即透過網路購物，每筆訂單都必定會發生的成本。

以信用卡支付的手續費、運費、捆包材料費、為說明商品一同寄送的印刷品、贈品、湯匙等附屬品的費用。即使是 B to B 的公司，耐久消費財等商品也必定會產生運費，依經手商品性質不同，也需要支付每次的保險費，每筆訂單或接受訂購時必然會產生某些成本。這麼做就可以看出這些費用對利益的影響。

若是難以將這些成本按照商品別加以區分，便將全公司的訂單連動費用按照商品銷貨收入比率進行分配。例如，因為很難將客戶同時訂購複數商品時的信用卡支付手續費等成本，按照每一筆訂單歸類到個別商品去，因此將**信用卡支付手續費的總額，依序各商品的銷貨收入比率進行分配**（圖表18）。

全商品合計 銷貨毛利（毛利）4,400 萬日圓－訂單連動費用 500 萬日圓＝淨毛利 3,900 萬日圓

＊淨毛利率 39%

圖表 18 │【利益②】淨毛利的計算方式

（單位：萬日圓）

	全商品合計	商品①	商品②	商品③
利益①銷貨毛利（毛利）	4,400	2,500	1,200	700
訂單連動費用（信用卡手續費、運費、捆包材料費、印刷物、贈品、附屬品等費用）	500	300	150	50
利益②淨毛利	3,900	2,200	1,050	650
淨毛利率	39%	37%	35%	65%

訂單連動費用……每份訂單或接受訂購時，必定會產生的成本。信用卡支付手續費、運用、捆包材料費、印刷物、贈品與附屬品等的費用。若實在難以直接按照商品別加以區分，則可以將全公司的訂單連動費用按商品的銷貨收入比率進行分配。若商業模式為B to B不會產生訂單連動費用時，則讓此欄位空白也OK

淨毛利率的變化與公司應採取的行動

☆淨毛利率較前月提升→則表示相對於銷貨收入所花費的「訂單連動費用」比率較前月減少。分析原因，檢討是否可以應用在其他商品上

★淨毛利率較前月下降→則表示相對於銷貨收入所花費的「訂單連動費用」比率較前月增加。分析原因（免運費促銷活動、贈品策略等），根據理由進行調整

商品① 銷貨毛利（毛利）2,500 萬日圓－訂單連動費用 300 萬日圓＝
淨毛利 2,200 萬日圓

＊淨毛利率 37%

商品② 銷貨毛利（毛利）1,200 萬日圓－訂單連動費用 150 萬日圓＝
淨毛利 1,050 萬日圓

＊淨毛利率 35%

商品③ 銷貨毛利（毛利）700 萬日圓－訂單連動費用 50 萬日圓＝淨
毛利 650 萬日圓

＊淨毛利率 65%

在確認全商品的合計金額時，假設出現「與前月相比，利益突然減少」，又或者是明明「銷貨收入增加，但利益無增」等情況。

此時，可能出現特定商品的「淨毛利率」與前月相比劇烈下降。

舉例來說，若在促銷時設定特定商品為「免運費」，那麼運費會由自家公司負擔，因此訂單連動費用會增加。回頭檢視商品①的淨毛利率為何下降，會發現原來是本月進行了商品①的免運費促銷活動。因此，雖然銷貨收入增加，卻花費了超過銷貨收入增加金額的運費，淨毛利率因而下降、利益並未增加。

若僅看銷貨收入的數字，就不會發現這樣的變化。雖然銷貨收入增加，但是成本因此增加更多的狀況十分常見。因此，「訂購○○則贈送 XX」的贈品策略也需要多加注意。

除此之外，淨毛利率也會隨支付方式與手續費而改變。即使信用卡支付手續費只差 0.1%，但淨毛利率也會產生大幅變化。

運費等因會隨捆包尺寸而變化，商品的尺寸愈大，則「運費」的訂單連

動費用的金額也會跟著增加。此成本並不包含在銷貨成本之中，而且隨訂單所發生的成本非常容易被忽略，請保持警覺並經常確認。

【利益③】銷貨利益（自創詞語）

第三項利益為「**銷貨利益**」，這也是敝公司的自創詞語。

銷貨利益＝淨毛利－行銷費用

銷貨利益是由淨毛利（利益②）減去行銷費用（促進銷貨的費用）所得出的。

花了行銷費用當然銷貨收入會增加。若此銷貨利益未增加，則經常代表這些行銷都是徒勞無功的。敝公司的行銷費用主要是廣告費。透過銷貨利益，可以看出在個別商品上廣告對於利益所產生的影響。

以吸引直接下訂結帳為目的的直接反應廣告（direct response advertising）是以使用時數為單位計算，為提升認知度或品牌形象的電視廣告等間接策略，則是設定廣告效果的有效期限，在這期間中以按月攤銷的方式分攤費用（圖表 19）。

全商品合計 淨毛利 3,900 萬日圓－行銷費用 1,990 萬日圓＝

銷貨利益 1,910 萬日圓

＊銷貨利益率 19%

商品① 淨毛利 2,200 萬日圓－行銷費用 1,600 萬日圓＝

銷貨利益 600 萬日圓

＊銷貨利益率 10%

圖表 19 | 【利益③】銷貨利益的計算方式

（單位：萬日圓）

	全商品合計	商品①	商品②	商品③
利益②淨毛利	3,900	2,200	1,050	650
行銷費用（主要為廣告費）	1,990	1,600	350	40
利益③銷貨利益	1,910	600	700	610
銷貨利益率	19%	10%	23%	61%

行銷費用……廣告、業務人事費等，為了得到訂單所花費的成本

銷貨利益率的變化與公司應採取的行動

☆銷貨利益率較前月提升→相對於所花費的行銷費用，提升銷貨收入的效率與前月較之有改善。分析行銷費用投資效率改善的原因，檢討是否可以應用在其他商品上

★銷貨利益率較前月下降→對於所花費的行銷費用，提升銷貨收入的效率與前月較之惡化。分析行銷費用投資效率惡化的原因，根據原因的性質進行必要的調整

商品② 淨毛利 1,050 萬日圓－行銷費用 350 萬日圓＝

銷貨利益 700 萬日圓

＊銷貨利益率 23%

商品③ 淨毛利 650 萬日圓－行銷費用 40 萬日圓＝

銷貨利益 610 萬日圓

＊銷貨利益率 61%

　　若按照商品別比較，便會注意到銷貨收入最高的商品①，其銷貨利益卻是最低的。

　　比較商品①與商品②、③會發現，因為商品①花了許多的行銷費用，所以銷貨收入提升，但這些費用對於利益其實並無貢獻。這是銷貨收入雖高、但不保證利益也跟著水漲船高的典型例子。

　　此外，假設與前月相比，整體的銷貨利益下降，那麼這其中到底發生了什麼狀況？

　　若按照商品別加以比較，商品②的銷貨利益率較之前月極端下降。

　　找尋商品②的銷貨利益率下降的原因，則發現本月商品②投放了大量廣告。相應於此雖然銷貨收入增加，但花費的廣告成本造成銷貨利益率下降，這表示利益並未增加。

　　即使執行行銷策略因先行投資而造成短期的利益率惡化，但若以一整年而言，行銷策略與利益連動，所以光靠當月的資料並無法判斷；但重要的是，行銷費用最終是否與「利益」、而非「銷貨收入」連動。若未與利益連動，則應該立刻停止該行銷策略。

　　若是具有複數店鋪的零售業或飲食店，則不按照商品別、而是試著以**店鋪別**來執行五階段利益管理（圖表 20）。

圖表 20 | 飲食店的五階段利益管理表

（單位：萬日圓）

	合計	店鋪①	店鋪②	店鋪③
銷貨收入	2,200	1,200	800	200
銷貨成本（料理食材等原料）	640	360	240	40
利益①銷貨毛利（毛利）	1,560	840	560	160
銷貨毛利（毛利）率	71%	70%	70%	80%
訂單連動費用（一次性容器和餐具、支付購物中心等的手續費、無現金支付手續費等）	100	60	30	10
利益②淨毛利	1,460	780	530	150
淨毛利率	66%	65%	66%	75%
行銷費用（店鋪租金、廣告傳單、廣告費等）	520	400	100	20
利益③銷貨利益	940	380	430	130
銷貨利益率	43%	32%	54%	65%
ABC（Activity-Based Costing、店員人事費用等）	280	150	100	30
利益④ABC利益	660	230	330	100
ABC利益率	30%	19%	41%	50%
營業費用（總部、間接業務的人事費用等）	140	76	51	13
利益⑤店鋪別營業利益	520	154	279	87
店鋪別營業利益率	24%	13%	35%	44%

- 店鋪①銷貨收入最高，但因開設在精華地段，故租金十分高昂，較店鋪②的銷貨利益低

- 店鋪②銷貨收入較店鋪①低，但因地處郊外，故租金低廉，在3家店鋪中銷貨利益最高

- 店鋪③與他店相比，販售利益率高的菜單，租金也是三者中最低，故最終的營業利益率最高。但是，銷貨收入過低，故店鋪別之營業利益（在他處雖為「商品別營業利益」，此處為「店鋪別營業利益」）不及其他2家店鋪

因為，在實體店鋪的商業模式中，店點地段將左右銷貨收入，店鋪本身就擔負了廣告的功能，所以可以試著將店鋪的租金視為行銷費用來分析。

若著眼於銷貨利益，便可知道「店鋪①的銷貨收入雖高，但因為租金高昂，故銷貨利益低」「店鋪②雖然銷貨收入低，但因為租金低廉，故銷貨利益高」。

若僅追求銷貨利益，當然會想要在好地段展店，但必須要負擔相應的高租金。若在郊外等租金便宜的地區展店，即使銷貨收入低，也存在著高銷貨利益的可能性。

【利益④】ABC 利益

第四項利益為「ABC 利益」。

所謂 ABC，是 Activity-Based Costing 的簡寫。換言之，即為商品別之人事費用。

ABC 利益＝銷貨利益－ABC（商品別之人事費用）

銷貨利益是由**銷貨利益（利益③）**減去 ABC（**商品別人事費用**）所得出的數字。藉由將銷售商品、服務所花費的間接成本（人事費用）按照使用比率加以分配，便能夠掌握個別商品、服務別的收益狀況。

以敝公司而言，則是希望全體員工每個月報告一次花費在「商品」與「其他」的時間分配比率。

例如，員工報告「商品①30%、商品②20%、商品③10%，其他業務40%」，再乘上該員工的人事費用，即可計算出**商品別的人事費用**。

　　若是以處理訂單或出貨等「直接接受被交付的工作，並不從事主動選擇商品的行動」為工作內容的職種，則將該部門的人事費用按照商品別之銷貨收入比率進行分配（「其他」則歸類到後述的「營業費用」）。

> **全商品合計** 銷貨利益 1,910 萬日圓－ABC 190 萬日圓＝
> ABC利益 1,720 萬日圓
>
> ＊ABC 利益率 17%
>
> **商品①** 銷貨利益 600 萬日圓－ABC 50 萬日圓＝
> ABC利益 550 萬日圓
>
> ＊ABC 利益率 9%
>
> **商品②** 銷貨利益 700 萬日圓－ABC 120 萬日圓＝
> ABC利益 580 萬日圓
>
> ＊ABC 利益率 19%
>
> **商品③** 銷貨利益 610 萬日圓－ABC 20 萬日圓＝
> ABC利益 590 萬日圓
>
> ＊ABC 利益率 59%

　　此時 ABC 利益是由誰領先呢（圖表 21）？

　　商品②的銷貨利益為 700 萬日圓，ABC 利益則為 580 萬日圓。

　　商品③的銷貨利益為 610 萬日圓，ABC 利益為 590 萬日圓。

　　商品③逆轉勝商品②。

　　銷貨收入高、但 ABC 利益率低是極少見的。那必然是在公司內部花了許多資源的商品，特別是在服務業非常常見。

　　若比較商品①、②、③的 ABC，商品②120 萬日圓為最高，商品③20

圖表 21 | 【利益④】ABC 利益的計算方式

（單位：萬日圓）

	全商品合計	商品①	商品②	商品③
利益③銷貨利益	1,910	600	700	610
ABC（Activity-Based Costing）	190	50	120	20
利益④ABC利益	1,720	550	580	590
ABC利益率	17%	9%	19%	59%

ABC……商品別人事費用。將業務的人事費用列為行銷費用的公司，應將間接業務部門的人事費用列入此項目

ABC利益率的變化與公司應採取的行動

☆ABC利益率較前月提升→業務效率較前月提升。分析業務效率改善的原因，檢討是否可以應用在其他商品上

★ABC利益率較前月下降→業務效率較前月降低。分析業務效率惡化的原因，根據原因的性質進行必要的調整

萬日圓則為最低。

換言之，商品②花了公司內部最多資源。如同商品③這樣 ABC 低的商品，**在公司內部則具有無法形成話題**的傾向。

就像這樣，就可以區分出「銷貨收入高且不太花費行銷費用，卻需要花公司員工非常多工夫，因 ABC 高而無法獲利的商品」，或者是「銷貨收入雖低、但即使撒手不管也兀自暢銷，幾乎沒有花費 ABC，故利益高的商品」。

耗費公司內部資源的商品或部門會連動導致相應的人事成本增加。

假設某家大型航空公司打算導入大型飛機機種。

在航空運輸產業，大型機種一次飛行能搭載許多乘客，單次的銷貨收入金額高。因此，大型航空公司不落人後地爭相導入大型機種。

但是，若關注 ABC 利益，便會看到**其他層面**。

導入新型機種必須要熟悉新的硬體設備維護方式，故 ABC 會增加。導入大型機，雖然銷貨收入會增加，但因 ABC 也同時增加，所以即使銷貨收入增加，利益也不可能等額地增加。

另一方面，廉價航空 LCC（low-cost carrier）則盡可能地利用少量機種來營運，硬體設備維護的工夫較少故 ABC 低。因此，中小型機型即使單趟的銷貨收入低，ABC 利益卻是高的。

敝公司開始意識到 ABC 的時期，是經營業務從北海道的特產轉移到健康食品與化妝品領域。北海道特產的商品數量多，會分別進行促銷活動，故每項商品所耗費的工夫與因而產生的利益之間會出現落差。

透過訂閱制、定期購入奧利多寡糖健康商品，則是因為同一位顧客會重複購買同樣的商品，耗費的人力與資源都很少就能夠搞定。因此我們開始關心起**商品別 ABC**。

如此一來，相較於北海道特產，健康食品與化妝品的 **ABC 利益率**則是

壓倒性地高。因此我們開始持續管理 ABC 利益。

　　愈是需要耗費公司內部資源才能銷售的商品，愈是能在公司內部形成話題。另一方面，不用耗費太多資源者則較不會成為話題。

　　耗費資源＝耗費 ABC

　　不耗費資源＝不耗費 ABC

　　在公司內部未形成話題的商品，其 ABC 利益率高是極為可能的。**在會議中成為話題的商品與能夠產出利益的商品是兩碼事。**

【利益⑤】商品別營業利益

　　最後第五項利益則為「商品別營業利益」。

　　商品別營業利益＝ABC 利益－營業費用

　　這是由 ABC 利益（利益④）減去營業費用所得出的數值。營業費用指的是辦公室**租金或間接業務的人事費用**等。這是從「管理銷售費用」減去「訂單連動費用」「行銷費用」「ABC」之後的項目。

　　營業費用＝管理銷售費用－訂單連動費用－行銷費用－ABC

　　營業費用要正確地分配到個別商品種類很困難，所以**要將營業費用總額按照商品別銷貨收入比率加以分攤**，如此便可得出商品別以營業利益

（圖表 22）。

> **全商品合計** ABC利益 1,720 萬日圓－營業費用 700 萬日圓＝
>
> 商品別營業利益 1,020 萬日圓
>
> ＊商品別營業利益率 10%
>
> **商品①** ABC利益 550 萬日圓－營業費用 420 萬日圓＝
>
> 商品別營業利益 130 萬日圓
>
> **商品②** ABC利益 580 萬日圓－營業費用 210 萬日圓＝
>
> 商品別營業利益 370 萬日圓
>
> **商品③** ABC利益 590 萬日圓－營業費用 70 萬日圓＝
>
> 商品別營業利益 520 萬日圓

由此看來，對利益有所貢獻、無所貢獻的商品便能清楚可見了。

◎商品①　銷貨收入 6,000 萬日圓 商品別營業利益 130 萬日圓

　＊商品別營業利益率 2%

◎商品②　銷貨收入 3,000 萬日圓 商品別營業利益 370 萬日圓

　＊商品別營業利益率 12%

◎商品③　銷貨收入 1,000 萬日圓 商品別營業利益 520 萬日圓

　＊商品別營業利益率 52%

著眼此處列舉出的五種利益比率，也就是「①銷貨毛利（毛利）率」「②淨毛利率」「③銷貨利益率」「④ABC 利益率」「⑤商品別營業利益率」，便

圖表22 │ 【利益⑤】商品別營業利益的計算方式

（單位：萬日圓）

	全商品合計	商品①	商品②	商品③
商品④ABC利益	1,720	550	580	590
營業費用（租金、間接業務人事費用等）	700	420	210	70
利益⑤商品別營業利益	1,020	130	370	520
商品別營業利益率	10%	2%	12%	52%

營業費用……租金與間接業務人事費用等

營業費用＝「管理銷貨費用」－「訂單連動費用」－「行銷費用」－「ABC」

◎營業費用是性質接近固定費用的成本，固定費用幾乎會相應於銷貨收入規模而增加，故將「整體的營業費用」按照各商品類別的銷貨收入比率加以分攤

◎每月的營業利益上下變化比起營業費的上下變化，受到前面各階段的「銷貨收入」「銷貨毛利（毛利）」「淨毛利」「銷貨利益」「ABC利益」變化影響的成分更大。因此，首先將商品別的「營業利益率」與上個月的資料進行比較，鎖定有上下變動的商品，再分別針對該商品的「銷貨毛利（毛利）率」「淨毛利率」「銷貨利益率」「ABC利益率」分析其中何處影響了變化

會發現利益率極低的商品。

希望各位讀者再一次參閱圖表 16（第 92 頁）。

商品①銷貨收入雖然在三者中最高，但銷貨利益率低，商品別之營業利益少。

商品②是最耗費 ABC（商品別人事費用）者。

商品③銷貨收入雖然在三者中最低，但銷貨毛利（毛利）率高，行銷費用低。ABC 低，所以不太消耗公司內部的資源。實際上是**產出最多利益的超優良商品**。

像這樣做，藉由將利益按照「商品別」，並以五階段來加以可視化，便能一覽無遺「雖然銷貨收入有所提升，但沒有產出利益的商品」與「銷貨收入雖低，但實際上是對利益有所貢獻的商品」了。

此外，透過每月比較、觀察這些數字，當利益金額或利益率下降之際，因為**能瞭若指掌「哪項商品在哪個階段」是否出現問題**，所以能夠立刻得知該採取何種手段對策。

你一眼就能看清楚公司的弱點。此外，不僅能夠得知弱點，也會知道「**強項**」何在。

分析「不用耗費工夫與成本、但利益高的商品」特徵，將其原因活用在**新商品開發**或**新規事業開發上**。

藉此，你的公司便能夠比現今**耗費較少工夫或成本，而增加利益**。

如此一來，就可以提升公司的**經營效率**。

2 五階段利益管理導入法

該如何進行利益分類？

五階段利益管理**不論在何種業種皆可適用**。五階段利益管理導入法的大致流程如下。

①決定利益的分類方法
②決定五階段利益管理的經費項目
③經營者率先導入，每月分享

首先，從①利益的分類方法開始說明。

雖然在圖表 16（第 92 頁）中是以商品別進行利益分析，但如同圖表 20（第 101 頁）般，按照店鋪別或菜單別分析也沒有問題。當然，要進行複數的五階段利益管理亦可行。敝公司則是以**商品別**與**商品上架的網路商城別**兩個基準，來進行五階段利益管理。

例如，也能夠以「樂天」「亞馬遜」「自家公司網站」進行分類。

亞馬遜是從訂單處理到物流一條龍都能代勞。如此一來，便幾乎不用耗費太多 ABC（商品別人事費用）。比起透過自家公司網站販售，ABC 利益率應該會更高吧。

敝公司最近收購了在地的 FM 廣播公司。

為了改善廣播公司的經營狀況，我們也試著製作了該公司的「節目別」五階段利益管理表。

結果立刻就看出公司面臨的課題，因為「招牌節目」與「人氣節目」都呈現虧損。

正因為是招牌與人氣節目，較其他的節目花費更高額的製作費（銷貨成本），ABC 也較其他節目耗費更多。

但這些節目的廣告收入並未伴隨這些成本而增加，在 ABC利益的階段已是赤字。換言之，光是停播這些招牌節目就能夠增加利益。

但是，這樣未免太過短視故不能這樣做，有必要盡速調降相應的廣告收入製作費或 ABC，或者透過強化銷售等手段，增加這些節目的廣告收入。

在「改善經營」上，**要一眼掌握「從何處開始著手」，五階段利益管理對比是非常有效的。**

銷售型公司當然可以採取商品別來分析，也可以進行**顧客別的五階段利益管理。**

交易金額高的顧客會強力要求折扣，但相較於高交易金額，銷貨毛利（毛利）低的狀況也十分常見吧。

此外，藉由將與銷售相關的人事費用視為「行銷費用」加以分配，便能夠找出「不合理耗用了業務人力的低利益顧客」。

交易金額高的顧客不僅是負責的業務員，同時耗費許多與銷售相關人事費用的狀況十分常見，例如業務助理的大量工作、人事費高的銷售主管的致意拜訪等。與牽動許多自家公司與銷售相關的員工、在公司內部也引發話題的顧客相比較，那些我們未多加注意、業務員也幾乎不上門拜訪的顧客獲利更多。

圖表 23 的顧客①，雖然銷貨收入最多，但其實是赤字，放棄與這樣的大戶交易，利益反而會增加。

決定五階段利益管理的費用項目

從銷貨收入減去成本，到導出商品別的營業利益為止，我們該如何將自家公司的經費歸類到**銷貨成本、訂單連動費用、行銷費用、ABC 與營業費用**項目中？

因為在哪個項目放入哪種費用是此管理法的關鍵，所以若分類一次不順手，要隨時調整。

特別是訂單連動費用、行銷費用、ABC 會隨著業種不同，在歸類上會需要下點工夫。

❶ 訂單連動費用

銷售物品的公司必定會產生此項費用，若是 B to B 公司則可能無。若是這樣，保持此項空白即可。

以敝公司為例，我們在**接受訂單的一瞬間便能計算出相關費用**。與商品共同裝箱的說明書、捆包材料等皆當成庫存，當銷貨收入發生時，便將相關費用列入銷貨成本。此外，當訂單發生時也一定會支付手續費，像代收貨款手續費、信用卡支付手續費等。

某家公司透過贈送人氣漫畫的贈品，成功提升了銷貨收入。但是，利益卻無法提升。檢視訂單連動費用，便發現贈品的成本過高。

在其他公司，老闆堅持使用特定捆包材料，提供過於美麗的化妝箱。雖然顧客一片好評，但訂單連動費用過高，故利益難以提升。

圖表 23 | 銷售型公司的五階段利益管理

（單位：萬日圓）

	合計	顧客①	顧客②	顧客③
銷貨收入	16,000	8,000	5,000	3,000
銷貨成本	12,000	7,000	3,500	1,500
利益①銷貨毛利（毛利）	4,000	1,000	1,500	1,500
銷貨毛利（毛利）率	25%	13%	30%	50%
訂單連動費用（交貨時運用、選擇性贈品之費用）	800	400	250	150
利益②淨毛利	3,200	600	1,250	1,350
淨毛利率	20%	8%	25%	45%
行銷費用（銷售相關人事費用、廣告費、行銷物品等的費用）	550	400	100	50
利益③銷貨利益	2,650	200	1,150	1,300
銷貨利益率	17%	3%	23%	43%
ABC（Activity-Based Costing，銷售部門的人事費用等）	400	250	100	50
利益④ABC利益	2,250	−50	1,050	1,250
ABC利益率	14%	−1%	21%	42%
營業費用（租金、間接業務人事費用等）	1,400	700	437.5	262.5
利益⑤顧客別營業利益	850	−750	612.5	987.5
顧客別營業利益率	5%	−9%	12%	33%

- 與顧客①之間的交易，雖然銷貨收入金額最高，但折扣率高，「銷貨毛利（毛利）率」最低。此外，不僅是負責的業務員，也常需要業務助理協助、銷售主管的拜訪，「銷貨利益率」是最低的

- 與顧客③之間的交易，雖然銷貨收入金額最低，但幾乎完全按照定價交貨，「銷貨毛利（毛利）率」高。也幾乎未耗用太多訂單連動費用、行銷費用與ABC費用，留下最高的營業利益

- 顧客②則居於以上兩者之間

  以這家公司而言，放棄與顧客①的交易，雖然銷貨收入會從1億6,000萬日圓，腰斬減半為8,000萬日圓，但合計營業利益卻會從850萬日圓幾乎翻近2倍到1,600萬日圓

包裝會因為商品尺寸而影響運用多寡。曾有某家公司委託我們，希望能網路銷售他們的人氣商品。但因對方商品尺寸大、運費高，訂單連動費用將過高而作罷。日本郵政或各家宅配業者有規格限制，需要支付相應於製品尺寸的運費。因此，敝公司以合乎這些規格的方式「長寬高在△公分以內，則運費為□日圓，若超過則運用也會增加」來決定商品尺寸。運費高的商品，「淨毛利率」會惡化，請多加注意此種狀況。

❷ 行銷費用

行銷費用可視為**為獲得銷貨收入所花費的費用**。

網路銷售的業種，行銷費用主要是廣告費。進行 B to B 銷售業務的公司則將銷售部門的人事費用歸類為**行銷費用**，接受訂單之後，為了交貨所花費的業務部門的人事費用則代換分類為 ABC，這樣便可掌握成本的實際樣態。

若花了行銷費用，銷貨收入必然會提升。假如是藉由網路銷售，只要花廣告費，銷貨收入便會上升；若是 B to B 公司，假如員工全員花時間跑業務的話，銷貨收入也將確實提升。但是，行銷費用也相應增加，利益便會因此減少。

❸ ABC

若以人海戰術來經營公司，人事費用也會水漲船高。

舉例來說，軟體業界的銷貨成本管理重點在人事費用上。有些狀況是單一員工同時參與複數個軟體開發專案，所以他們會每個月跟公司報告一次，自己針對各個專案所花費的時間比例。公司會將該員工的人事費，按照工時的時間比率分配到各軟體的銷貨成本中。如此一來，便可得知即使軟體銷售出去，但人事費過高而無法產出利益。

飲食店若有菜單別的銷貨收入，也能夠按照烹調時間計算出 ABC。某菜單雖然銷貨收入高，但在烹調上花費許多時間與工夫，利益率可能也很低。留意**在自家公司易成盲點的關鍵**為何非常重要。

經營者率先導入、每月分享

五階段利益管理不能全都推給員工，經營者必須從自己起而行。

若是中小企業便要由老闆來做。在大公司，即使將此工作交給實際負責相關業務的總經理，老闆也必須要常態性地檢視每月結算的結果，在會議中自己開口說明討論。每天都要致力於改善讓自家公司成為獲利體質。

與上個月比較，營業利益沒有成長時，就要徹底分析上個月與這個月的數字，以及原因何在。

舉例來說，營業利益沒有提升的原因，若得知是廣告費（行銷費用）耗費過多，或者是舉辦免運費促銷活動（訂單連動費用）所致。

那麼就可以這樣思考，實行這些策略有可能會在下個月以後開始提升利益。但是，就目前這個時間點而言，雖然銷貨收入有所提升，但利益是下降的，而且尚未到達可以開心鬆口氣的階段。

從下一章開始，我們將一邊觀察策略與利益之間的關係，一邊傳達打造公司獲利體質的方法。接下來各章節的順序如圖表 24 所示。各位讀者從自己認為的最大課題開始閱讀也無妨。

圖表 24 │ 五階段利益管理的各利益與章節對應

經營戰略	→第4章：商品戰略（以「小市場（消除顧客的煩惱）、高品質商品」應戰） →第5章：銷售戰略（「只將商品提供給想要的人」） →第6章：顧客戰略（「讓顧客重複惠顧、購買」） →第8章：經營×行銷戰略
銷貨收入	
經費①銷貨成本	→第4章：商品戰略（以小市場、高品質、常銷為目標）
利益①銷貨毛利（毛利）	
經費②訂單連動費用	→第4章：商品戰略（不花費訂單連動費用的商品開發） →第7章：人才戰略（提升員工的利益意識，並削減訂單連動費用）
利益②淨毛利	
經費③行銷費用	→第5章：銷售戰略（僅對想要的人提供商品的銷售戰略、停止對利益無貢獻的銷售） →第6章：顧客戰略（透過「演歌戰略」與顧客終生相伴，藉由提升回購率來削減獲取新顧客之費用）
利益③銷貨利益	
經費④ABC	→第7章：人才戰略（分析業務流程，進行適才適所的人力資源配置，與顧客終生相伴的體制、提升員工利益意識，並削減ABC）
利益④ABC利益	
經費⑤營業費用	→第7章：人才戰略（分析業務流程進行適才適所的人力資源配置，與顧客終生相伴的體制、提升員工利益意識並降低營運費用）
利益⑤商品別營業利益	

Chapter 4

在小規模市場，取得
壓倒性勝利的商品戰略

1 重視品質，以長銷為目標的商品開發

商業模式由「特產」轉變為「健康食品」的理由

敝公司經手的商品如健康食品、化妝品等，幾乎都是一個月左右就會用完的產品。因此，若能夠讓顧客喜歡，他們每個月都會回購。因為是以高品質商品與長銷為目標的商業模式，訂閱制（定期購入）占整體銷貨收入的利益比率約 7 成。這成為產生利益的源頭。為什麼呢？

持續生產相同的製品，品質將會愈來愈好，成本也會愈來愈低。銷貨成本將更加穩定。得到定期購入的訂單，意即不用為了開拓新客戶而花費成本，因而行銷費用也會減少。五階段利益管理的經費項目中，「銷貨成本」與「行銷費用」這兩項因而下降，利益率則會提高。

此一商業模式誕生的契機，是起因於某項健康食品。

敝公司過去雖然是進貨北海道特產，並透過網路販賣，但經過一段時間後，許多在地企業表示：「希望可以經銷我們的商品」。

某一次，我們得到「希望可以經銷以奧利多寡糖製造的健康食品」的委託。據說這商品可以健胃整腸，有通便的功效。

奧利多寡糖為什麼是北海道特產呢？我簡單地說明吧。

砂糖的原料是甘蔗或甜菜。各位讀者雖然熟悉甘蔗，但也許很少聽到甜菜這個植物。甜菜是莧科藜亞科菾菜屬的植物，別名「砂糖大根」。將塊根榨汁、熬煮之後，便可製砂糖。

甜菜在日本除了北海道，其他地方並無栽種。甜菜製成砂糖時，便產出了奧利多寡糖這個副產品。

當某家公司拜訪我們「可否將奧利多寡糖製成的健康食品，當成北海道的特產來銷售」時，我曾經一度拒絕。因為我想對於來找螃蟹或哈密瓜的顧客來說，具有通便效果的健康食品應該沒有銷路吧。

但是，對方的業務員非常熱心。

「總之請試賣一次」

「試試看當然沒關係，但無法在我們的網購網站販賣」

「我想只要貴公司願意試個三天，您就會明白我說的話了」

我拿對方沒辦法，所以留下了健康食品。但是，因為我沒有便秘問題，所以找了之前容易便秘的兩位員工來試試看。結果，

「老闆，我大吃一驚！」

「什麼？」

效果立竿見影。

「一直以來，我吃便祕藥的時候，總是會肚子痛。這次完全沒有這種狀況，而是自然、順暢地排便。這東西實在太厲害啦！」

話雖如此，但我真的懷疑在美食網站上，具改善便秘效果的健康食品可以賣嗎？

思考再三以後，我們把這一連串發生的事情一五一十地告訴了顧客。

從「有人希望我們可以經銷以奧利多寡糖所製作的健康食品」開始，我們如實地把所有的故事都寫進電子報裡，傳送給顧客。

「從長年痛苦解放的喜悅」引發巨大迴響

令人驚訝地，訂單如雪片般飛來。苦於便祕的人比想像中還多。原有女性顧客中，約有 4 成有便秘的困擾。

「我 20 年來的困擾在幾天內就解決了，不知該如何表達感激」

「至今的痛苦好像是騙人的。僅僅 3 天，我就重生了」

表達感謝的電子郵件熱度不斷，讓人非常感動。

雖然我們也聽過許多顧客回饋，稱讚螃蟹或哈密瓜「美味」，但因便秘改善而感到喜悅的聲量遠遠超過前者。

「所謂解決困擾煩惱的喜悅，竟是如此巨大？」

吃到最高級美食的喜悅。**一瞬間消除長年痛苦的喜悅**。衝擊大的是後者。我們以此為契機，開始將公司開發的方向轉向**解決煩惱型的美容、健康食品**。

在基本方針中寫下，「啟動新事業、開發新商品時，GDP 必會成長」

我想要開發能夠解決客戶煩惱的新商品。這種希望打造至今沒有的新東西或新市場、而非與競爭者爭逐的心情，從我初出社會，首次在瑞可利集團工作時，便已萌芽。

若我跑業務時，懷抱著希望有公司願意花 100 萬日圓打徵才廣告的話，一定會出現競爭者。不管是我，或者是競爭的業務員拿到訂單，這都只會是 100 萬日圓的工作。從大處觀之，GDP（國內生產毛額）並不會因此而改變。我並不希望分散能量，而是期望能將力量傾注在、讓至今未有的新東西問世上。

每天每天，這樣的想法都在我心中湧動。

「北方達人」的公司基本方針中包含著以下的訊息：**「啟動新事業、開發新商品時，GDP 必定會成長。」**

不做第二名。絕對不模仿其他公司的暢銷商品。不藉由競爭奪取顧客。除了開拓新市場以外，不做其他的工作。

以奧利多寡糖製作的健康食品確實是非常棒的商品。但是，這只是我們偶然碰上的。

其後，我們也找來各式各樣的健康食品，並同樣讓員工試用。但是，並沒有再碰上能夠說服我們的商品。

因此，**我們自己著手開發**。

我們公司自己企畫、並委託 OEM 企業試做樣品。**若做出了「好用到嚇人的好東西」，則開始銷售**。這便是經手煩惱解決型的美容、健康食品的「北乃快適工房」的起點。

我們以北海道特產的**網路銷售為本業**，將「北乃快適工房」當成副業開始起步。

至今為止開發的主要商品包話，解決便秘困擾的健康食品「快適奧利多」（2006 年）、解決眼下肌膚困擾的眼霜「EYE KIRARA 活力眼霜」（2015 年）、為了小皺紋煩惱的玻尿酸化妝品「HYALO DEEP PATCH 玻尿酸微針晚安眼膜」（2016 年）、為了解決手部看來顯老煩惱的抗老護手霜「HANDPURENA」（2018 年）等，所有的品項都是以「煩惱」為主題來開發的。

其中「HYALO DEEP PATCH」受到極大矚目，**「刺型化妝品」**這樣商品是將玻尿酸等美容成分凝固成極微小的針狀，直接刺入皮膚，讓美容成分得以滲透被吸收。在「微針（microneedle）化妝品市場」的銷售額成為世界

第一，在 2020 年 9 月得到金氏世界紀錄的肯定。

我悄悄地跟各位讀者談談這些暢銷商品的內幕故事吧。

在小規模市場，取得壓倒性勝利的戰略

我們的商品開發始於「顧客的煩惱」。

這包含了我們針對小規模市場、一決勝負的目的。

我們開拓大型公司覺得參與規模太小的利基市場，並投入中小企業無法模仿的高品質商品。憑我個人的感覺，大型公司不會參與規模 20 億日圓以下的市場。換言之，這就是**在小規模市場，取得壓倒性勝利的戰略**。

而要掌握開拓小規模市場的線索，便是留意「**顧客的煩惱**」。在公司內部的企畫會議上，我們會討論大家是否有何種煩惱。

例如，隨著年齡增長，眼下會漸漸鬆弛。若就這樣放著鬆弛不管，面容便會顯老。大家在思考能否開發出解決此煩惱的商品時，便設定了「解決眼下肌膚煩惱的市場」。

接下來，則是思考解決煩惱的商品型態。

例如，以黑醋栗（cassis）成分促進血液循環，讓肌膚緊緻以解決肌膚煩惱的健康食品，又或是凝膠狀的精華液。製作了數種樣品、市場調查之後的結果，其中評價最高的是霜狀產品，於是完成了「EYE KIRARA 活力眼霜」此商品。

像這樣，我們並不是一開始就決定商品型態。而是**只要能夠解決顧客的煩惱，便不拘泥於商品型態**。

在這個案例中，為了消除眼下肌膚的煩惱，我們製作了健康食品、凝膠、霜狀產品等樣品，以結果而言是將眼霜產品商品化。而世間一般將此類

商品稱之為「眼霜」，我們也是事後才知道的。

因為眼霜是保養品製造商也會生產的商品，乍看之下我們像是在與大型公司競爭。但是，因為實際上這是在「**解決眼下肌膚煩惱的市場**」此一前所未有利基市場的商品，所以未與大型公司競爭。

保養品製造商推出的是完整的產品線，包含卸妝用品、洗臉用品、化妝水、乳液、精華液等。但我們並未特意推產品線，也無意向正在使用大型製造商保養品的人提議：「要不要換成我們家的保養品？」我們提議的是，你一邊使用目前正在使用的保養品，「若你苦惱於『眼下鬆弛』，要不要併同使用這個眼霜呢」。

為了解決腳指甲變色、乾燥脆弱煩惱而開發的凝膠，1 個月可以賣出 1 億日圓左右、1 年營業額達 10 億日圓以上。保養品製造商的人驚訝於「居然可以靠保養品來解決這個煩惱啊」。

但是，我們並非一開始就思考用保養品解決顧客的煩惱。而是**著手開發解決煩惱的商品，以結果來說，最後成了保養品**。依據狀況不同，我們也發生過最後商品形式成了「洗潔劑」的案例。

例如，搜尋「護手霜」的人，應該絕對不會買敝公司為了解決「手背血管浮現煩惱」的商品吧。護手霜的平均價格約為 1,500 日圓，手背血管用護手霜高達 3,267 日圓（含稅），因此想找護手霜的人不會買。

另一方面，搜尋「手背」「血管」的消費者則可能會買。解決煩惱而開發的商品會直接形成市場。

「眼下（肌膚）」「（消除）鬆弛用」「指甲」「乾燥脆弱」等詞語也相同。當時我們是先設定關鍵字，逆推回來進行商品開發的。從搜尋人數眾多的關鍵字來思考「顧客的煩惱」，當競爭商品不存在時，便開始進行商品企畫。

集中於「品質」的理由

商品暢銷是有理由的，包含商品本身的品質、設計、行銷、價格與後續客服等。

在草創「北乃快適工房」的初期階段，我們便感到「要網羅以上所有暢銷元素是不可能的」，而將焦點集中於**品質**上。我們將人力與金錢等資源聚焦在品質上，希望達成其他中小企業難以模仿的品質。

品質會影響回購率，持續銷售的商品才能夠產生高利益。

其中，我們也特別細心關注「**從消費者觀點所定義的品質**」。企業在開發商品之際，無論如何都會從生產者觀點來討論「好壞」。結果便會忽略消費者觀點。商品內容物的好壞與使用上的好感度是兩回事。商品是「**能用才算數的**」。

我們很幸運的是，有從奧利多寡糖而來的健康食品體驗。

因為同事自己用了之後覺得很棒，所以懷著自信推薦給顧客，並且讓眾多的顧客感到開心喜悅。因為有員工告訴我：「老闆，我覺得自然、暢通。這個東西很厲害！」於是連結到「20 多年來的煩惱在數日內解決，說不出有多麼感激」的顧客回饋。

因此到了今天，我們商品品質的最終判斷，仍然不倚賴製造商或市場調查的受訪者。

樣品製作完成後，雖然會進行為期 3 個月的市場調查，**但最後則是交由全體員工與董事，由我們自己試用後下判斷。**

評價「消費者觀點品質」的750個項目

決定商品的「好壞」需要判斷基準。

我們在顧客使用前、使用中階段，設定了品質概念，打造了自己特有的750個評價項目（其中部分例子如圖表25）。每當處理顧客提問或客訴時，便會在公司內部流通周知，評價項目因而隨之增加。

來介紹其中的幾個項目吧。

例如，因運送而造成品質變化的確認項目。配送出發點是位於低氣溫、北海道的自家公司倉庫。若是寒冬，我們會將商品置於零度以下的環境中。商品若是運送到本州、四國、九州、沖繩，則會被放於氣溫高的場所。北海道的年平均氣溫為9.8℃，東京則為16.5℃（2019年日本氣象廳資料）。只要想到商品可能會在炎夏長時間放置於宅配箱中，若因溫度變化造成品質變化可不行。此外，在配送過程中，箱子也可能被用丟的。

因此，我們在開始販售前會將商品寄送至日本全國各地，再將商品送回北海道的自家公司，一一確認容器、包裝、內容物與一同裝箱的印刷品是否出現異樣。若出現變化，則從商品製程開始想辦法調整，或者在捆包的方法上下工夫。

有些事情若不實際使用便無法得知。這是在開發解決肌膚皺紋煩惱的「北海道20年牛奶泡」洗面乳商品時，發生的事。洗面乳放置的地方因人而異。有人放在洗臉台上，有人放在浴室裡。洗臉台與浴室的溫度與濕度都不同，這會影響到洗面乳的彈力感。但是，當時我們並未注意到此點。

我們在使用說明手冊上放了照片，說明「一次請擠出這樣分量的洗面乳」。結果有一位員工這麼說：「這張照片，好像有哪裡不太一樣耶。我用的洗面乳，感覺好像更柔軟。」

圖表 25 │ 750 個評價項目的部分例子

編號	確認	測試項目	執行內容、條件	確認對象	確認重點	結果	結果細節	執行日期	確認人員
1	☐				顏色是否產生變異				
2	☐			容器、包裝	外觀是否產生變異				
3	☐				強度是否產生變異				
4	☐				是否有其他變異				
5	☐	耐熱檢驗測試	在30℃ 20小時→50℃ 4小時的循環環境下，保管5天之際，確認商品的品質是否產生變異		易於取出性是否產生變異				
6	☐				顏色是否產生變異				
7	☐				形狀是否產生變異				
8	☐				氣味是否產生變異				
9	☐			內容物	質地是否產生變異				
10	☐				口味是否產生變異				
11	☐				使用感是否產生變異				
12	☐				效果是否產生變異				
13	☐				是否有其他變異				
14	☐				顏色是否產生變異				
15	☐			容器、包裝	外觀是否產生變異				
16	☐				強度是否產生變異				
17	☐				是否有其他變異				
18	☐	耐寒檢驗測試	（冷凍24小時→常溫24小時）×2個循環的環境下，保管4天之際，確認商品的品質是否產生變異		易於取出性是否產生變異				
19	☐				顏色是否產生變異				
20	☐				形狀是否產生變異				
21	☐				氣味是否產生變異				
22	☐			內容物	質地是否產生變異				
23	☐				口味是否產生變異				
24	☐				使用感是否產生變異				
25	☐				效果是否產生變異				
26	☐				是否有其他變異				
27	☐				是否破損				
28	☐			外包裝（捆包容器／個）	是否髒汙				
29	☐				是否鬆脫				
30	☐				是否變形				

照片拍攝的是擺在常溫下的洗面乳。但洗面乳放在溫度較高的浴室，質感改變了。因此我們為詳細說明品質連同照片，調整此處的文字。

徹底執行摔落測試，追究破損原因

為了解決「眼下肌膚困擾」所開發的「EYE KIRARA 活力眼霜」，裝入類似針筒狀的容器，按壓容器的尾端就能擠出眼霜。但有數位顧客客訴：「突然就擠不出來了。」在詳細詢問、傾聽對方之後，客人告訴我們有這樣的情況：「開始使用之後，中途就擠不出來」「摔到以後就擠不出來了」，亦即大家的共通點都不是「一開始就擠不出來」。

「摔落的時候，也許是哪裡的零件掉出來或摔壞了」

我們請顧客把擠不出眼霜的商品寄回，進行調查。拆解容器之後，發現內側的螺絲鬆脫，因此無法順利推擠出眼霜。問了 OEM 的容器代工製造商，對方稱「至今為止沒聽過這種狀況」。

看來只能靠我們自己調查了。

為了找出螺絲鬆脫的原因，商品部的員工在會議室集合並測試。

剛開始我們用各種方法摔落空容器。再將容器拆開，一邊確認哪個零件動了，一邊改變高度進行摔落測試。我們一邊想像顧客的使用情形，同時改變摔落地面的質地，像地墊、木質、水泥等，再繼續測試。

但是，不管哪種狀況螺絲都沒有鬆脫。

「這是不是因為容器是空的吧？」

我們因此裝入水後，再測試，但即使如此螺絲還是沒有鬆脫。

「還是用裝了眼霜的實物來試試看吧」

但是，螺絲還是沒有鬆脫。我們改變角度，繼續進行摔落測試。

「啊！」

螺絲鬆脫了。在裝有眼霜的狀態下、垂直摔落地面的時候，因為撞擊的力道會傳遞到整體容器，霜狀分量轉動了螺絲造成鬆脫。在會議室裡，大家歡聲雷動地大叫「哇」。

容器製造商是以空容器進行測試。

但是，大家會在容器中裝入液體、霜狀或凝膠狀等不同劑型的產品，各自的成分也不相同。我們確實感受到**商品必須在已成品的狀態下加以測試才有意義**。

容器製造商雖然稱「除了貴公司之外，我們沒有接過這樣的報告」，但後來我們知道這句話反映了 OEM 代工業界的實際狀況。

OME 代工製造商的顧客中，像敝公司般抱持長銷主義的公司很少。多數公司察覺流行、製作商品，當商品銷售完畢也就結束合作關係了。雖有暢銷的狀況，但也有完全賣不出去、抱著庫存的例子。基本上是只會製作一次就結束。若已經決定了不會再生產，假設就算接到數件客訴，應該也不會跟 OME 代工廠商提吧。

但因為我們追求的是同一商品的長銷，若出現問題便會加以改善。

從接受敝公司商品委託的 OEM 製造商轉職而來的員工有數人。這些人是這麼說的。

「在 OEM 的工作現場，一般就是『生產、交貨、結束』。『北方達人』則會數度訂購相同的商品，讓人覺得不可思議。得知自己製作的商品受到全國各地顧客的喜愛，所以下定決心轉職。」

若不符合本公司標準，則停止上架開賣

在重複這些經驗中，敝公司增加了「消費者觀點」的測試項目。

例如，蓋回容器軟管的蓋子時，拴緊到什麼程度會讓顧客難以打開或容易鬆脫。我們會用扭力測試儀，加以測定確認。

第一次交貨與第二次以後的交貨，我們也會確認品質是否改變。霜狀製品的黏稠度與硬度，則是購買測量機器進行調查。

為什麼要徹底執行到這種程度？因為這與製程息息相關。

保養品或霜類是用大鍋加熱進行加工的。相同的成分以 10 公升的鍋具進行加工，便能完成商品。其後訂購量增加，會改用 40 公升的鍋具。理論上應該可以製作出完全相同的製品，但由於鍋具中心很難導熱，故在鍋具中心區所製作的質感（特別是黏稠度等）很有可能不同。

最初是以黏度計測量確認「黏稠度」。而就算黏稠度相同，碰觸的觸感、使用在肌膚上的觸感也可能會不一樣。

以日本保養品的製造基準而言，僅會測試黏稠度，但若從使用保養品的顧客角度來考量又是如何呢？客人明明是很喜歡而再次訂購，若霜狀產品的質感不相同會心生不滿。因此，敝公司連**硬度**也會一併測試。即使 OEM 代工製造商、外包的檢查機構判斷「沒有問題」，但若不符合本公司的標準便會停止上架開賣。

全體董事、員工使用 1 個月，進行最終確認

樣品完成後，首先讓日本全國的市調受訪者，在不知公司與商品名稱的狀態下，進行盲測。讓他們使用 2 至 3 個月，調查對方是否實際感受到商品效果。若此時超過 7 成以上的人實際感受到商品效果，則會考慮商品化。

若通過了市場調查，進到商品化的階段，最後則是交由全體董事、員工實際持續使用 1 個月，最終確認是否還有疏漏。

一邊檢視與商品同箱包裝的說明書，確認首次閱讀說明書的人是否能夠在看完之後，依指示使用。確認下面幾點：商品即使放在浴室，品質是否也能夠維持穩定？使用後有無肌膚問題或身體不適？使用之際是否有不方便之處，說明書是否易於理解？

基本上，只有「完成了好到令人吃驚的商品」時，才會上架開賣。計畫受挫便全部從頭來過。實際上架開賣的商品，僅僅占開發案件的 2%。3 年間持續打造試做樣品，但最終放棄的商品也不計其數。

雖然我們公司的本業是經手北海道特產，**但從經營副業一開始便對品質很執著。做出好東西便販賣，做不出來就不賣。這是絕對不容妥協的法則。**

正因為如此，商品開發非常耗費時間。公司也有花了 2、3 年才開發出來的商品。我們不追求流行。作為公司方針，我們不會只花數個月開發商品就販售。

雖然知道因此造成了許多機會損失，但若是要在商品的品質上妥協讓步，那我想自己還不如別幹這一行了。

2 促進訂閱制的祕密策略

感受不到效果的盲點在於「使用方式」

定期購入（Subscription，以下稱訂閱制）是利益的泉源，只要是經營事業的人應該都知道。但是，能夠定期得到顧客是難上加難。這也需耗費業務活動、廣告等勞力與成本。在五階段利益管理的經費項目中，這些成本主要相當於「行銷費用」。

一般而言，獲得新顧客的成本，據說是維繫既有顧客的 5 倍。

即使獲得新顧客的成本很高，利益率卻極低。因此，比起取得新顧客，維繫既有顧客更為重要。既有顧客成為中長期持續購買商品的生涯顧客的可能性很高。愈是企業忠誠度愈高的顧客，隨著時間經過愈能夠為公司帶來較高的利益。

持續回購與否與顧客滿意度有關。

顧客滿意度雖然與商品的品質成正比，**但其中有一個盲點。**

那就是顧客「**搞錯使用方式**」。

做生意不光是打造出好商品、寄送給顧客就完成了，不管再好的商品，使用方法不正確便得不到效果，顧客也不會感到滿足。

因此敝公司致力於製作與商品同箱包裝的「使用說明手冊」。

男性與女性不同，使用保養品的經驗很少。也有人將為了消除皺紋煩惱的保養品面霜與外用藥膏搞錯。

皺紋不是「傷口」，而是老化。切傷或擦傷基本上是要恢復到原本狀態

131

（覆蓋傷口），並讓自我修復能力產生作用，透過塗藥可以促進傷口修復，但因為皺紋不是傷口，所以人體不具備自我修復（皺紋）機能。因此，即使塗上保養品面霜也不會立刻復原。人類皮膚的新陳代謝，需要 28 到 50 天才會重生，基本是在新肌膚產成時發揮效果。因此，受傷了擦藥數天內便可治癒，但要實際體驗到保養品面霜的效果，至少都要花上 1 到 3 個月（因商品而異，也有具即效性者）。

許多男性並不知道這一點。因此，男性用商品的說明書會針對基礎事項確實解說。

「使用說明手冊」是經過全體董事與員工的嚴格把關。大家把腦袋放空，試著按照說明來使用商品，一起確認是否有問題。

我們也發生過依上述方式讓商品完成上架了，但收到顧客的詢問，才發現還是有沒有充分說明之處。例如，雖然配上照片並解說「請貼在臉的這個部位」，但因為放的是過於貼近的特寫照，反而讓消費者很難判定實際要貼的部位。

我們珍惜顧客的反饋，每天持續精煉、更新「使用說明手冊」。

反向操作零相關知識，製作使用說明手冊

我們是在經營特產的網購時，注意到說明手冊的重要。

某一次，有個買了鱈場蟹的客人向我們客訴：「沒有蟹膏耶！」「這個螃蟹只有 8 隻腳啊。你們該不會把 2 隻蟹腳給拔掉了吧。」

北海道的人則以「胡說八道什麼啊，這是鱈場蟹耶」的回覆打發。

不過就算這樣說，顧客也不懂其中意涵。

其實螃蟹可分為「蟹類」與「寄居蟹類」，兩者完全是不同種類的生物。

楚蟹或毛蟹是「蟹類」，販售時都帶著蟹膏。

另一方面，鱈場蟹或花蟹是「寄居蟹類」，販售時不會有蟹膏。

螃蟹是水煮後出貨，「蟹類」的蟹膏經水煮會變硬。因此，螃蟹會帶著蟹膏販售。

相對地，「寄居蟹類」的蟹膏脂肪成分很多，水煮後便會溶化。

而且，溶掉的蟹膏會流入蟹腳，造成蟹肉品質劣化，所以在水煮之前便會先去除。

此外，「蟹類」包含兩隻螯足，共有 10 隻腳。

但「寄居蟹類」加入 2 隻螯足只有 8 隻腳，沒道理把蟹腳拔掉。

因為這在北海道是理所當然的事，對在地人完全不用說明。

但是，我站在日本全國顧客的立場，製作了詳細說明的手冊與商品一同裝箱。以結果而言，我活用了自己「並非出身北海道」的強項。

即使是美味食物，食用方式錯了就完蛋了

美食網路販售的螃蟹如同前述，是經水煮後加以冷凍的商品。

顧客傳來了電子郵件，回饋「好吃」「難吃」兩種意見。

當然，個人有口味偏好的差異，但「難吃」的聲音若達一定數量以上也很奇怪。因此，我們試著向顧客詢問食用方式。

結果，用鍋子水煮冷凍螃蟹的人非常多。這等於是二度水煮，蟹肉會變乾硬，鮮味也大打折扣。若將冷凍螃蟹或煮或蒸，細胞結構將因急速解凍而被破壞。也有許多人用微波爐解凍，但如此一來，凍結在蟹肉中的鮮味與精華都會流失。

做生意不是把美味的食物出貨後就結束了。**即使是美味食物，食用方式**

錯了也不會好吃，顧客也不會滿意。

為了讓顧客不要弄錯食用方式，每一項商品都如同第 136～137 頁般，特地用帶「素人風」的設計製作「涮蟹肉虎之卷」說明手冊，與商品一同裝箱（圖片 1）。顧客對於與商品一同裝箱的漂亮印刷品經常視而不見。因此，我們特意用手寫風的文字或對話框等的違和感，來喚起顧客的注意力。在此之後，「難吃」的客訴電子郵件大量減少。

這個經驗也被活用在現在的健康食品與保養品的「使用說明手冊」上（圖片 2）。

當過去經營特產電商網站時，敝公司的口號標語是「**我們的工作終於讓顧客說出『好吃』為止**」。我們不是以做出美味的東西作結，也並非把東西運送出去為最終。

最終關鍵在於，員工到底是否愛上此商品

我之前曾提及，顧客滿足度與商品品質成正比。加上，我們賣出的正好是好商品，員工能夠懷抱自信推薦給顧客。這會連結到首購與定期購入。

業務所經手的商品，銷售不佳時，會有什麼想法？

若他想的是「明明商品這麼好」，我猜他應該會想盡辦法推銷吧。

但若盤旋在他腦中的是「這商品不怎麼樣」，他大概立刻就會放棄了吧。

員工是否會認為「因為這是好東西，希望讓更多人能用到」至關重要。

針對敝公司的某樣商品，我們在製作樣品、進行外部的市場調查之際，得到了非常有效的結論。

但在第二度的市場調查後，我們得知「這商品的市場規模未免太小」。

　　雖然本來敝公司就是以小規模市場為目標，但這次是市場規模過小而放棄。我因此下了決斷，不會上架開賣這個商品。但是，參加市場調查的受訪者表示：「請早點上架開賣，如果開賣的話絕對會買。」而且，一部分的員工也直接反應：「想辦法上架開賣吧！以許銷量是少了點，但是一定會讓顧客感到高興的。」

　　我當時折服於員工熱情，決定忽視調查資料結果，還是讓商品上架了。

　　長時間經營生意，必然有浮沉高低。會遇上大暢銷，也可能出現滯銷。這種時候，最該珍惜的是**有無粉絲的存在**。

　　這個商品在員工熱心的行銷活動下，漸漸得到了粉絲的支持。

　　雖說粉絲人數絕對稱不上多，但在他們重複回購之下，該商品還是成了獲利商品。

　　因為賣東西的終究是人，我們是否對商品抱持自信有莫大影響。

打造 10 個 10 億日圓的商品，銷貨收入總和 100 億日圓的發想

　　如上所述，我們的商品開發始於「顧客」的煩惱。

　　這包含了百分之百掌握小規模市場的戰略目標。以小規模市場為標的的優點在於競爭少。

　　因為沒有對手，不需花費競爭成本，利益率便會提高。

　　沒有比較的商品，自然也不需要花費廣告成本。

　　正因為如此，即使在此市場取得壓倒性勝利，銷貨收入最多也就落在 10～20 億日圓之譜。

　　因此，我思考以**打造 10 個 10 億日圓的商品，銷售收入總額 100 億日圓**為目標。實際上當銷貨收入總額達到 100 億日圓時，利益為 29 億日圓。

圖片1│「涮蟹肉虎之巻」說明手冊

> この説明書は、せっかく遠く北海道から
> お取り寄せいただいたものだから、
> 「最高の状態で召し上がっていただきたい！」
> という北海道.co.jpスタッフ一同の思いを
> 込めて書きました。ぜひお目通しください。

北海道.co.jp流 食べ方虎の巻 「かにしゃぶ」編

お届けした商品は元々「ナマ物」でございますので、個体差により
若干、サイズのバラツキがございます。何卒ご了承ください。

①まずは解凍しましょう

解凍方法1. 自然解凍　～オススメ！～
水分の蒸発を防ぐため、ビニール袋に入れて日陰において解凍を待って
ください。すっかり解凍してしまうよりも8分目くらいの解凍が
より美味しく召し上がれます。
◎冷蔵庫での解凍の場合→冬場は3～4時間（夏場は2～3時間）が目安。
◎日陰などでの解凍の場合→冬場は2～3時間（夏場は1～2時間）が目安。
　（地域の気温差により時間が異なりますので、ときおり解凍の状態をご確認
　　くださいね）

解凍方法2. 流水解凍
本商品をビニール袋に入れた状態でボールや洗面器などに入れて、
ちょろちょろと蛇口から水を流して解凍します。
※お湯をかけると「かにしゃぶ」に熱が通ってしまうので、水にしてください。

●電子レンジで解凍しないでください！

電子レンジで解凍しますと水分が蒸発し、うまみが逃げ、身が硬くなり…
と、かに本来の美味しさをお楽しみいただくことができません。
※解凍後は、再冷凍をしないようご注意ください。品質劣化の原因となります。

●乾燥させないでください！

解凍後、長時間乾燥した状態で放置しておきますと、水分が蒸発し、
身がパサパサとした状態になり、美味しさは半減いたします。
解凍後は速やかにお召し上がりください。

② 熱の通し方

鍋に水をたっぷりいれて利尻昆布を敷き、沸騰させます。ダシが
出てきてお湯の色が変わったら、速やかにしゃぶしゃぶを食べましょう。

かにの足は熱を通しすぎるとパサパサして固くなり、甘味が抜けます。
熱通しが少なすぎると、ベチョベチョして生っぽくなります。

まず一本試しに熱を通してみて、「生っぽいな」と思えば、次からは
もう少し熱を通すようにし、「パサパサして甘味が少ないな」と思えば、
次からは早めに引き上げるように調整しながらお好みでお召し上がり
ください。（ステーキで言うレア、ミディアム、ウェルダンです）

目安としては、カニをしゃぶしゃぶしたときに、**身がふわっと広がる**
（花が咲く）瞬間ぐらいがオススメです。※生食用ではありませんので
必ず火を通してからお召し上がり下さい。

●いっぺんに放りこまないでください！

少なくとも、「足を全部ば～んと鍋に放り込む」というような食べ方は
おやめください。（一緒にお召し上がりになられる方もそれぞれ
お好みが違うと思われます。お一人お一人が一本ずつ熱通しを
調整しながらお召し上がりください）

少々、うるさく感じられたかもしれませんが、**お客様にぜひ美味しく**
お召し上がりいただきたいとの気持ちからのことでございます。
どうかご勘弁ください。

販売元・お問い合わせ先
北海道・しーおー・じぇいぴー

圖片 2 │ 深邃大眼！實際體驗「LID KIRARA」效果的技巧

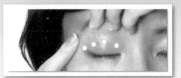

目元をくっきり！
『リッドキララ』実感のテクニック

パッチリ目を
超実感！

理想の目元へ導く『リッドキララ』の効果的なご使用方法をご覧ください。

朝・夜の1日2回、毎日お使いください。1プッシュを左右の上まぶたに分けて使用します。

1. ジェルをつける

眉にそって指をあて、塗布する部分を引き上げながら、ジェルを上まぶたの4ヵ所にのせます。

2. 引き上げながら伸ばす

肌を引き上げたまま、もう一方の指を使用して、目頭からこめかみ、目尻の横からこめかみまでジェルを伸ばします。このとき、こめかみの位置でそのまま5秒ほど引き上げた状態をキープします。

＊やさしく指を滑らせるように塗布してください。
＊目頭や目尻のギリギリまで使用すると、ジェルが目に入りやすくなります。
　瞼閉せずジェルが目に入らないよう、ご注意ください。

この範囲に塗ります

3. 浸透させる

肌を引き上げたまま、5～10秒程度やさしくおさえ、美容成分を浸透※させます。　　※角質層まで

4. 三次元密着フィルムをつくる

肌を引き上げたままジェルをしっかりと乾かします。

プラスワン
目を閉じながら、ゆるやかに風をあてると簡単にハリのある三次元密着フィルムを作れます。

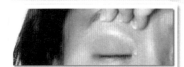

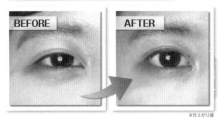

BEFORE　　AFTER

※仕上がり感

完成！

パッと目を開けてください。
三次元密着フィルムの皮膜効果によって上まぶたの引き上げを実感いただけます。

＋＋＋＋＋＋＋＋＋＋＋＋＋＋＋＋＋＋

動画でも
ご案内しています。　
www.lidkirara.com/howto/

LK03_1710

裏面へ⇒

138

Notes

Notes

Chapter 5

實現利益率 29% 的銷售戰略

1 管理「上限 CPO」與「時序列 LTV」的發想方法

上限 CPO 是「花這麼多也沒關係」的行銷費用

管理行銷費用，對於提升利益至關重要。

在五階段利益管理中，是透過自利益②「淨毛利」導出利益③「銷貨利益」的過程來管理行銷費用。

「銷貨利益」與同商品前一月份或其他商品相較惡化，存在兩個因素：「行銷費用的投資報酬率變差」與「強化行銷費用之先行投資」。

但是，若為後者因素，可不能認為「因為在做先行投資，所以銷貨利益率暫時惡化也是無可奈何」就結束了。若是投資，必須要能夠事先明確地掌握該投資何時、金額達到多少可以回收。

「上限 CPO」與「時序列 LTV」便是為此而存在的管理指標。

從此處開始，我將針對如何實踐銷貨收入最小化、利益最大化的專門性解說。

不熟悉行銷或廣告的人，也許會稍感困難，但首先我希望各位讀者可以先大致理解此一思考方式與邏輯。此外，經營者與行銷人員一起閱讀應該也很不錯。

在實務上，雖是由「淨毛利」減去行銷費用來得出「銷貨利益」，但此處為了簡化計算，是從假設淨毛利率為 100% 開始討論。

我們先從上限 CPO 的管理開始談起。

所謂 CPO，是 Cost Per Order 的縮寫，指的是**為了得到一位顧客所耗費的成本**。不論是何種產業，為了要得到訂單，都必須要下廣告、跑業務，進行某種形式的行銷活動。

雖然花了 CPO，銷貨收入會提高，卻會花費相當於五階段利益管理經費項目中行銷費用等的成本，利益因此相對減少。銷貨收入雖高、但利益低的公司大多都起因於 CPO 過剩（過高）。因此，CPO 的管理是必要的。

如同敝公司的網路電商公司，大部分的 CPO 為廣告費；但我們因為已經建立起管理 CPO 的機制，**連加入公司半年的新員工都能運用**。

一般大家認為 CPO 是「為了取得 1 件訂單所耗費的成本」，但我的定義是「**為了與 1 位顧客相遇所耗費的成本**」。

這是因為 1 位顧客會重複下訂的緣故。與每位顧客長期交往，讓顧客能夠定期購入。這將關係到行銷費用的減少與高利益。

那麼，我們來具體思考 CPO 吧。

如前述，像敝公司經營電商業務，主要的行銷活動是廣告。舉例，若投放了 100 萬日圓廣告費的結果，得到了 100 位顧客，CPO 的計算為：

廣告費 100 萬日圓÷所獲得顧客人數 100 人＝CPO 1 萬日圓

若 1 位顧客定期回購，便可以思考 CPO 經過幾個月後可以回收。舉例來說，淨毛利 3,000 日圓的商品，CPO 若為 1 萬日圓會造成 7,000 日圓的虧損（圖表 26）。但是，若顧客定期回購該商品，則在第四次的回購時，淨毛利便會達到 12,000 日圓，減去 CPO 後已能獲利。因此，比起相較於得到單次訂單的成本，我所思考的是獲得 1 位客戶的成本。

圖表 26 五階段利益管理表的「銷貨利益」需要幾個月才會獲利？

圖表26｜五階段利益管理表的「銷貨利益」要幾個月才會獲利？

●五階段利益管理表中至「銷貨利益」為止的表格

商品A		
銷貨收入	3,000日圓	為了銷售商品A，花費了10,000日圓的行銷費用。
銷貨成本	-	
利益①銷貨毛利（毛利）	-	若顧客定期購入商品A，上述行銷費用需要幾個月才能回收？
銷貨毛利（毛利）率	-	
訂單連動費用	-	
利益②淨毛利	3,000日圓	※為了看出銷貨收入與「銷貨利益」之間的關係，此處假設淨毛利率為100%。實務上則會填入自家公司的銷貨成本與訂單連動費用，以進行計算
淨毛利率	100%	
行銷費用	10,000日圓	
利益③銷貨利益	−7,000日圓	

首次購入時，有7,000日圓的紅字

▼

	首次購入	第2次購入	第3次購入	第四次購入
累計淨毛利	3,000日圓	6,000日圓	9,000日圓	12,000日圓

CPO 10,000日圓在第4次購入時，首次獲利。但是，並非所有的顧客都一定會重複購買4次，即使會購買，也不知道第4次的購入點發生在何時，所以無法得知由虧損轉為獲利的正確時間

所謂「時序列 LTV」是指顧客終生可為公司帶來的利益

但是，既不是所有顧客都一定會購買 4 次商品，即使願意進行第 4 次購買，時間點也因人而異。

因此在計算收益時，必要的指標是「時序列 LTV」。

LTV 是 Lifetime Value（顧客終生價值）的簡稱，指的是**顧客終其一生可為企業帶來的利益**。

一般而言，顧客對於商品與服務的喜愛、黏著度（顧客忠誠度）愈高，LTV 也愈高。雖稱終生，但通常是以**數月至 1 年為時間單位計算**。

在敝公司，則是**每月對 LTV 進行時序管理**。因此稱為「**時序列管理**」（圖表 27 ／但圖表 27 是按照 3～6 個月、6～11 個月、11～12 個月、12～24 個月分別彙整）。

因此每個月的銷貨收入、成本、利益與 LTV 都能互相對照。

許多的 D to C 企業，僅看第 1 次、第 2 次與第 3 次的訂閱制繼續率，但在此種狀況下，卻無法連動觀察每個月的銷貨收入、成本、利益與 LTV 之間的關係。

舉例而言，持續數月購入的顧客休息了 1 個月，或者是首次訂購便買了 3 個月分量的顧客，在 3 個月後進行第 2 次購買，這光靠單一計算公式無法計算出正確的資料。因此，我們才需要每月對 LTV 進行時間序管理。

來看看圖表 27 的時序列 LTV 吧。表中有商品 A 與 B。兩者價格都是 3,000 日圓。

如同前例所述，透過 100 萬日圓的廣告費，獲得了 100 位顧客（CPO 為 1 萬日圓）。這 100 位顧客的首次訂購，商品 A 與 B 相同，每位顧客的平均購買金額皆為 3,000 日圓。

圖表 27 │「上限CPO」與「時序列LTV」的架構

商品A

【期間】	首購	首購~ 1個月後之間	第1~第2個 月後之間	第2~第3個 月後之間	第3~第6個 月後之間	第6~第11個 月後之間	第11~第12個 月後之間	第12~第24個 月後之間
該期間顧客的 每人平均 追加購買金額	3,000日圓	1,900日圓	1,400日圓	1,200日圓	1,300日圓	1,000日圓	1,200日圓	4,000日圓

【累計期間】	首購	首購~ 1個月之間	首購~ 2個月之間	首購~ 3個月之間	首購~ 6個月之間	首購~ 11個月之間	首購~ 12個月之間	首購~ 24個月之間
累計期間顧客的每 人平均累計購買金 額（時序列LTV）	3,000日圓	4,900日圓	6,300日圓	7,500日圓	8,800日圓	9,800日圓	11,000日圓	15,000日圓
一定期間銷貨利益	−7,000日圓	−5,100日圓	−3,700日圓	−2,500日圓	−1,200日圓	−200日圓	1,000日圓	5,000日圓

　　┌─ 時序列LTV（×淨毛利率）－CPO
　　│　※此處的淨毛利率為簡化，假設為100%
　　│　※此處的CPO（為獲得1位顧客所花費的行銷費用）為10,000日圓
　　└─ ※以首購為例：「3,000日圓×100%－10,000日圓＝−7,000日圓」

商品A在
12個月後
獲利

商品B

【期間】	首購	首次購買~ 1個月後之間	第1~第2個 月後之間	第2~第3個 月後之間	第3~第6個 月後之間	第6~第11個 月後之間	第11~第12個 月後之間	第12~第24個 月後之間
該期間顧客的 每人平均 追加購買金額	3,000日圓	1,400日圓	1,100日圓	1,100日圓	1,800日圓	3,600日圓	2,000日圓	5,000日圓

【累計期間】	首購	首購~ 1個月之間	首購~ 2個月之間	首購~ 3個月之間	首購~ 6個月之間	首購~ 11個月之間	首購~ 12個月之間	首購~ 24個月之間
累計期間顧客的每 人平均累計購買金 額（時序列LTV）	3,000日圓	4,400日圓	5,500日圓	6,600日圓	8,400日圓	12,000日圓	14,000日圓	19,000日圓
一定期間銷貨利益	−7,000日圓	−5,600日圓	−4,500日圓	−3,400日圓	−1,600日圓	2,000日圓	4,000日圓	9,000日圓

　　┌─ 時序列LTV（×淨毛利率）－CPO
　　│　※此處的淨毛利率為簡化，假設為100%
　　│　※此處的CPO（為獲得1位顧客所花費的行銷費用）為10,000日圓
　　└─ ※以11個月後為例：「12,000日圓×100%－10,000日圓=2,000日圓」

商品B在
11個月後
獲利

關鍵在於判斷確認時序列LTV（×淨毛利率）超過CPO的時間點

有顧客 1 個月後再度購入 1 個商品，也有顧客 1 個月後再度購入 2 個商品，也有顧客什麼都沒再買。

如此平均計算這 100 位顧客 1 個月後的購入金額，商品 A 的每位顧客平均追加購買金額為 1,900 日圓。將第一次購買的 3,000 日圓，加上 1 個月後的 1,900 日圓，則時序列 LTV（平均累計購買金額）為 4,900 日圓。

這是 1 個月後的時序列 LTV。

若看商品 A、2 個月後的資料，時序列 LTV 為 6,300 日圓，再看 3 個月後的資料則為 7,500 日圓。因為也有顧客停止定期購入，因而「成長率」漸次降低。

而針對商品 A，為了獲得 1 位顧客耗費了 1 萬日圓（CPO 為 1 萬日圓），從首次購買的 11 個月後仍舊虧損，到了 **12 個月後能夠回收 CPO**，之後則全數為獲利。

這就是 CPO 與時序列 LTV 之間的相對關係。

時序列 LTV 會因商品而異。希望各位讀者再參看一次圖表 27。

1 個月後商品 A 的時序列 LTV 為 4,900 日圓；商品 B 為 4,400 日圓。

2 個月後的商品 A 為 6,300 日圓；商品 B 為 5,500 日圓。

3 個月後的商品 A 為 7,500 日圓；商品 B 為 6,600 日圓。

但是若看 11 個月後的資料則發現，商品 A 為 9,800 日圓、商品 B 為 1 萬 2,000 日圓，情勢逆轉。重複持續購入商品 B 的顧客人數雖少，卻獲得了忠實粉絲，購入 1 次的人會持續重複購買。

運用圖表 27，可以由**時序列 LTV** 減去 CPO，得出一定期間銷貨利益。

一定期間銷貨利益＝時序列 LTV（×淨毛利率）－CPO

　　※此處 LTV 是由銷貨收入（購買金額）計算得出。實際上一定期間銷貨利益，是以 LTV 乘上淨毛利所得出，但計算公式非常複雜，此處我們以淨毛利率 100%為前提假設說明。

　　例如，商品 A 在 12 個月後的一定期間銷貨利益為：

時序列LTV 1萬1,000日圓－CPO 1萬日圓＝一定期間的銷貨利益 1,000 日圓。

　　在敝公司，我們會事先決定應該要賺取的「一定期間銷貨利益」。若事先決定 1 年間要賺取多少銷貨利益，**CPO 的上限**自然也就跟著定案了。確實掌控此上限事關重大。

　　舉例來說，首先，決定商品 A 在 1 年間、每位客戶必須要產出 1,000 日圓的銷貨利益，那麼，就能決定 CPO 的上限為 1 萬日圓。假設下了 100 萬日圓的廣告費，只夠獲得 80 位顧客，則 CPO 約為 1 萬 2,500 日圓，無法達成一定期間銷貨利益為 1,000 日圓的目標。在這種狀況下，便會對這個廣告喊停。這便是基本的思考方式。

　　獲得 1 位顧客所花費的經費項目與內容，會因企業而異。

　　除了下廣告，也有跑業務等各種行銷活動。雖然行銷費用花費愈高，銷貨收入也會愈高，但是效率不彰的廣告或行銷活動會壓縮一定期間的銷貨利益。偶爾聽到「Google 搜索時，自家廣告可以名列在最前面就好了」的聲音，但這需要花費大量的廣告費。若此一成本無法連動到一定期間銷貨利益，便毫無意義了。**以數字來衡量執行策略的效果**不可或缺。

為什麼要按照商品×廣告媒體分別提出「時序列 LTV」？

敝公司會分別依據商品與廣告媒體的組合，計算時序列 LTV。

我們使用各式各樣的廣告媒體。即使是同樣的商品，因廣告媒體而異，其 CPO 與時序列 LTV 也會改變。

例如，假設以 Google 廣告進行商品 A 的宣傳。此時的 CPO 為 3,000 日圓。另一方面，若利用其他的集點網站（若在此購買商品 A 則可獲得點數），則 CPO 為 1,000 日圓。

若僅憑此判斷，因集點網站的 CPO 較低，所以看起來更容易產出一定期間的銷貨利益。

但是，若看 1 年之後的時序列 LTV，Google 廣告為 7,500 日圓，集點網站則為 3,000 日圓。受到點數吸引而購買的人回購率低，因此能夠判斷其時序列 LTV 也較低。

1 年間的銷貨利益為：

●Google 廣告：時序列 LTV 7,500 日圓－CPO 3,000 日圓＝一定期間銷貨利益 4,500 日圓

●集點網站：時序列 LTV 3,000 日圓－CPO 1,000 日圓＝一定期間銷貨利益 2,000 日圓

Google 廣告的 CPO 雖高，但可以產出更多一定期間銷貨利益。

假設設定此商品的上限 CPO 為 3,000 日圓，在集點網站上進行販售，CPO 雖低但仍為赤字。因此，我們才要計算出商品與廣告媒體組合個別的時序列 LTV，並決定上限 CPO。

此外，若是乘上「獲得顧客人數」，則可以更進一步計算出正確的利益數字。

例如，在 Google 與 Yahoo 廣告上各都投放了 100 萬日圓的廣告。假設透過 Yahoo 獲得了 100 位顧客，藉由 Google 得到了 80 位。

Yahoo 的 CPO 為 1 萬日圓，Google 的 CPO 則為 1 萬 2,500 日圓，在這個時間點，投放 Yahoo 廣告的效率較佳。

但是，必須要繼續觀察。若觀察之後、1 年之間的時序列 LTV，透過 Yahoo 廣告所獲得的顧客每人平均購買金額為 2 萬日圓。一方面，透過 Google 獲得的顧客每人平均購買金額則為 3 萬日圓。

彙整的結果如下。

付 Yahoo 廣告費 100 日圓，獲得 100 位顧客，故 CPO 為 1 萬日圓。

●Yahoo 廣告：廣告費 100 萬日圓÷獲得顧客 100 人=CPO 1 萬日圓

其後 1 年間，每位顧客的平均銷貨收入為 2 萬日圓，所以一定期間銷貨利益為 1 萬日圓。

●Yahoo 廣告：時序列 LTV 2 萬日圓－CPO 1 萬日圓=一定期間銷貨利益 1 萬日圓

而且，此一廣告獲得了 100 位顧客，所以可得知銷貨利益總額為 100 萬日圓。

●Yahoo 廣告：一定期間銷貨利益 1 萬日圓×100 人=利益總額 100 萬日圓

另一方面，支付 Google 廣告費 100 日圓，獲得 80 位顧客，故 CPO 為 1 萬 2,500 日圓。

●Google 廣告：廣告費 100 萬日圓÷獲得顧客 80 人=CPO 1 萬 2,500 日圓

其後一年間，每位顧客的平均銷貨收入為 3 萬日圓，故一定期間銷貨利益為 1 萬 7,500 日圓。

●Google 廣告：時序列 LTV 3 萬日圓－CPO 1 萬 2,500 日圓=一定期間銷

貨利益 1 萬 7,500 日圓

而且，此一廣告獲得了 80 位顧客，所以可得知銷貨利益總額為 140 萬

日圓。

●Google 廣告：一定期間銷貨利益 1 萬 7,500 日圓×80 人=利益總額

140 萬日圓

在此狀況下，可以得知 Google 廣告的效率較佳。

計算出各廣告媒體如上的資料，並設定各廣告媒體的上限 CPO。首

先，決定 1 年每位顧客平均要產出多少銷貨利益，試著倒推回去計算，並設

定各廣告媒體上限 CPO。

嚴格遵守上限 CPO

許多公司都會設定 CPO 的目標。但是，此目標很容易動搖。

即使 LTV 無法提升，但大家都這樣樂觀地思考：「持續下去應該就會看

到效果吧」「現在雖然虧損，但之後應該就會產出利益了」，就會讓公司持

續不斷地將投入行銷費用。

但是，何時、投入金額要達到多少時，狀況才會改變？

若持續投入 CPO，則銷貨收入一定會提升，但這也會持續耗費行銷費

用。這樣無法產出銷貨利益，結果就是產生赤字。

假設設定一年的銷貨利益為 3,500 日圓，以圖表 27（第 146 頁）的商品

A 而言，12 個月後的時序列 LTV 為 1 萬 1,000 日圓，就可以計算出上限

CPO 為 7,500 日圓。

這等於是時序列 LTV 的 3 個月後的數字，這表示 3 個月可以回收相對

於 CPO 的成本、達到損益兩平。**嚴格遵守上限 CPO 極端重要**。

在本章一開頭，曾提到敝公司就連菜鳥員工都能夠投放廣告，這正是因為已經事先決定了上限 CPO。決定了這個數字，做起生意來就簡單了。

2 如何判斷 CPO 與新顧客開發數之間的相關性？

多跑業務，顧客就會相應增加？

接下來，我們來思考 CPO 與新顧客開發數量之間的相關性。

開始銷售某個商品時，該商品的利益總額可由以下方式計算：

新顧客開發數量×每位顧客銷貨利益（LTV－CPO）＝利益總額

所以如何開發新顧客茲事體大。

獲得新顧客所耗費的成本便是至今再三出現的「CPO」。

但當然沒有花費 CPO，新顧客便會無窮無盡持續增加的道理。

廣告費與新顧客開發數量的關係，符合「**報酬遞減法則**」的邏輯。

所謂的報酬遞減，指的是即使進行相同的投資，利益卻逐漸減少。

例如，為貧瘠的土地施肥，土地肥沃之後，農作物的產量便會增加。不過，若持續施一定水準以上的肥料，相對於購買肥料的金額，增加的產量便

跟不上了。此外，若擴充持有的農地，則耕地面積也會增加，產量應該也會隨之增加。但是，若持續追加農地，不光是肥沃的農地，也會得到不適於農業的土地，產量便會下降。

在一定的條件之下，若增加某項生產要素，整體生產量雖會增加，但其增加的部分會漸次減少。換言之，並不是執行愈多行銷、推銷活動，新顧客便可以持續增加。適當的行銷推廣活動能夠將利益最大化。但是，若超過此一適當的限度，相關費用便會成為壓縮利益的成本。

「創新擴散理論」的獲取顧客戰略

隨著新顧客開發數量的增加，CPO 便會上揚。這能夠以「創新擴散理論」加以說明。

所謂創新擴散理論，是解釋新製品、新服務的市場普及過程與普及率的行銷理論。1962 年，由史丹佛大學的教授埃弗雷特・羅傑斯（Everett M. Rogers）於其著作《創新的擴散》中所提出。在創新理論中，普及（擴散）的過程可分類為以下五個階段（圖表 28）。

◎革新者（Innovators）【約占市場整體的 2.5%】……在最初期便使用新製品、新服務的族群。資訊敏感度高、抱持積極導入新事物的好奇心。認同「新」價值，即使是尚未普及於市場、成本高的製品、服務，只要符合自己的價值觀便會購買。

◎早期採用者（Early Adopters）【約占市場整體的 13.5%】……雖然不像革新者激進、迅速，但對於接下來可能會在市場上普及的製品、服務會早

圖表 28 | 「創新擴散理論」與 5 族群

利益總額＝新顧客開發數量×每位顧客銷售利益（LTV－CPO）

廣告費與新顧客開發數量的關係符合「報酬遞減法則」，
伴隨新顧客開發數量的增加，CPO（獲得1位顧客的成本）也會增加

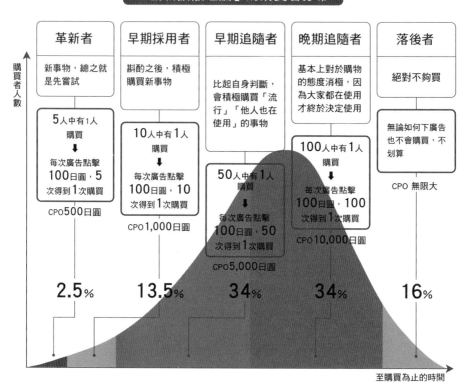

「創新擴散理論」的消費者分布

	革新者	早期 採用者	早期 追隨者	晚期 追隨者	落後者
CPO	500日圓	1,000日圓	5,000日圓	10,000日圓	無限大

一步關注、購買的使用者族群。對世間與業界的潮流傾向敏感度高，經常升起雷達判斷資訊，因為會使用接下來可能會流行的事物，因此很容易成為世間與業界的意見領袖（opinion leader）或影響者（influencer）。

◎早期追隨者（Early Majority）【約占市場整體的 34%】……雖然資訊敏感度相對較高，但對於採用新製品、新服務的態度較為慎重。此族群受早期採用者的重大影響。

◎晚期追隨者（Late Majority）【約占市場整體的 34%】……對於新製品、新服務的態度消極，幾乎不會採用的族群。要確認已有許多使用者採用了該製品、服務，才會購買。

◎落後者（Laggards）【約占市場整體的 16%】……市場中最保守的族群。不僅看該製品、服務是否已於市場上普及，而是要到在傳統上、文化上採用該事物已成一般常識，才會採購買。

要獲得對新事物積極導入、抱持好奇心的革新者的 CPO 較低。

購買的門檻也低，革新者 5 人中便有 1 人會購買。若廣告點擊每次 100 日圓，點擊 5 次便會有 1 次購入，所以 CPO 為 500 日圓。靠 500 日圓就能獲得 1 位新顧客。但是，革新者僅占市場整體的 2.5%。

若開發了革新者，接下來便是早期採用者。

早期採用者會早一步關注接下來也許會普及的製品、服務。這個族群中，10 人會有 1 人購買，假設廣告點擊每次 100 日圓，點擊 10 次便會有 1 次購入，故 CPO 為 1,000 日圓。與革新者相比，要開發早期採用者為新顧

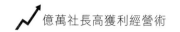

客的 CPO 較高。

像這樣，如圖表 28 所示，愈往表格右邊，要開發該族群為新顧客的難度愈高，CPO 也愈高。早期追隨者的 CPO 為 5,000 日圓，晚期追隨者的 CPO 為 10,000 日圓，而落後者不論花費多少 CPO 都很難開發為新顧客。

以購買意願高的族群為對象，憑著低 CPO 便可開發獲得新顧客，但若面對的族群對象較廣，則 CPO 也會上升。

希望各位讀者參看圖表 29。

我們在 1,000 人市場，嘗試套用創新擴散理論 5 族群。革新者 25 人、早期採用者 135 人、早期追隨者與晚期追隨者各 340 人、落後者 160 人。

假設某天獲得了 25 位新顧客，因為都是革新者，所以 CPO 為 500 日圓。接著，若要再獲得更多新顧客，則 CPO 便會往上增加。

假設獲得革新者與早期採用者，則平均 CPO 如同圖表 29 所示，為 922 日圓；假如獲得革新者、早期採用者與早期追隨者為新顧客，則平均 CPO 為 3,695 日圓。新顧客開發數量愈增加，則平均 CPO 也會提高。換言之，根據得到多少新顧客，CPO 會隨其數量變化而異。

此外，商品開始販售後，若經過某個程度以上的時間，CPO 會提高。將開始販售的時點立刻與啟售後一年後相比，CPO 會增加。這是因為一開始的顧客購買意願高，其後企圖開發的新顧客都是購買意願相對低的緣故。

最適「上限 CPO」的計算方式與 9 成老闆都會掉入的陷阱

若將 CPO 與每位顧客的平均利益、新顧客開量三者進行整理，會得到以下的關係。

圖表 29 | 5 族群與 CPO 之間的關係

	革新者	早期 採用者	早期 追隨者	晚期 追隨者	落後者
對象人數	25人	135人	340人	340人	160人
CPO	500日圓	1,000日圓	5,000日圓	10,000日圓	無限大
新顧客 開發人數	25人	160人	500人	840人	1,000人
平均CPO	500日圓	922日圓	3,695日圓	6,247日圓	無限大

革新者　　　25人× 　500日圓
＋
早期採用者　135人×1,000日圓
————————————
25人＋135人
＝
147,500日圓
————————————
160人
＝
922日圓

革新者　　　25人× 　500日圓
＋
早期採用者　135人×1,000日圓
＋
早期追隨者　340人×5,000日圓
————————————
25人＋135人＋340人
＝
1,847,500日圓
————————————
500人
＝
3,695日圓

新顧客的開發數量愈多，則平均CPO會愈高

※不論是單日或累計數字

降低 CPO→新顧客開發數量減少、每位顧客銷貨利益增加
提高 CPO→新顧客開發數量增加、每位顧客銷貨利益減少

因此，找出最能夠增加利益總額的**最適上限 CPO** 舉足輕重。

因為，利益總額是由**新顧客開發數量×每位顧客銷貨利益（LTV－CPO）**計算得出。

希望各位讀者參照圖表 30。

此處是 1 年的 LTV 為 1 萬日圓的商品，針對 CPO、新顧客開發數量、1 年銷貨收入、每位顧客銷貨利益、利益總額進行比較。

若假設此商品的 CPO 為 3,000 日圓、1 年開發的新顧客人數為 100 人。若將 CPO 提高到 9,000 日圓，則新顧客開發人數會一口氣增加到 300 人。CPO 愈高，則新顧客的開發人數會愈多、銷貨收入也會愈高。

但是，每位顧客的銷貨利益又是如何呢？

因為是 LTV 為 1 萬日圓的商品，若 CPO 為 3,000 日圓，則顧客每人銷貨利益為 7,000 日圓。若 CPO 增加為 4,000 日圓，新顧客開發數量雖然會增加，但每位顧客銷貨利益則減為 6,000 日圓。若 CPO 增為 9,000 日圓，雖然新顧客開發數量增為 300 人、銷貨收入增為 300 萬日圓為最高，但每位顧客銷貨利益則減為 1,000 日圓。

在圖表 30 中最值得關注的是，**在何處利益總額將成為最高金額**。

利益總額＝新顧客開發數量×每位顧客銷貨利益（LTV－CPO）

圖表 30 │ 最適「上限 CPO」的計算方式

利益總額＝新顧客開發數量×每位顧客銷貨利益（LTV－CPO）

- 若降低CPO，雖然新顧客開發數量會減少，但每位顧客銷貨利益則增加
- 若提高CPO，雖然新顧客開發數量會增加，但每位顧客銷貨利益則減少

↓

找出讓利益總額成為最高金額階段的CPO是非常重要的！

此為最適「上限CPO」

利益總額的報酬遞減從此開始

例）以1年LTV 1萬日圓為例

CPO	3,000日圓	4,000日圓	5,000日圓	6,000日圓	7,000日圓	8,000日圓	9,000日圓
新顧客開發數量	100件	120件	150件	200件	250件	270件	300件
年度銷貨收入	100萬日圓	120萬日圓	150萬日圓	200萬日圓	250萬日圓	270萬日圓	300萬日圓
每位顧客銷貨利益	7,000日圓	6,000日圓	5,000日圓	4,000日圓	3,000日圓	2,000日圓	1,000日圓
利益總額	70萬日圓	72萬日圓	75萬日圓	80萬日圓	75萬日圓	54萬日圓	30萬日圓

每位顧客銷貨利益為最高

代價是新顧客開發數量、銷貨收入低

總額最高

※重要的是
新顧客開發數量×每位顧客銷貨利益

新顧客開發數量最多，銷貨收入亦高

代價是每位顧客銷貨利益最少

↓

若以銷貨收入最大化為目標，應該以CPO 9,000日圓來規畫；

但若是以利益總額最大化為目標，則設定CPO為 6,000日圓是最佳狀況

每位顧客銷貨利益最高的是，當 CPO 為 3,000 日圓的時候；而新顧客開發數量最多的則是當 CPO 為 9,000 日圓之際。

但若檢視利益總額，當 CPO 為 3,000 日圓時，是 70 萬日圓；CPO 為 9,000 日圓時，則是 30 萬日圓。利益總額最高的，則是當 CPO 為 6,000 萬日圓時的 80 萬日圓。

為了最大化利益總額，以 **6,000 日圓為上限 CPO** 是最佳方案。若 CPO 高於 6,000 日圓，新顧客開發數量會增加、銷貨收入也會提升。但是，這卻符合「報酬遞減法則」，**利益總額將會減少**。

許多公司便是落入這個「陷阱」。

連晚期追隨者與落後者都納為行銷對象，重複進行無益的投資。

若不知道「報酬遞減法則」或「創新擴散理論」，以 CPO 3,000 日圓開發新顧客 100 人、利益總額可達 70 萬日圓，就容易輕易地以為若將 CPO 增為 3 倍的 9,000 日圓，則新顧客的開發數量也會達到 3 倍的 300 人、利益總額也會增加為 3 倍的 210 萬日圓。

但是，如同圖表 30 所告訴我們的，事情並不會如此發展。

確認「機會損失」與「虧本」，將其視為廣告投資平衡指標

但也不是說 CPO 愈低愈好。若過度削減 CPO，則會出現「機會損失」。

廣告的投資效率指標之一為 ROAS（Return On Advertising Spread）。

這是相對於廣告費，計量有多少銷貨收入是經由廣告而來的指標。

計算公式如下。

ROAS＝經由廣告而來的銷貨收入÷廣告費

例如，若花了 100 萬日圓的廣告費，銷貨收入為 200 萬日圓，

則經由廣告而來的銷貨收入 200 萬日圓÷廣告費 100 萬日圓＝ROAS 2.0
（又或為 200%）。即使廣告費同為 100 萬日圓，

經由廣告而來的銷貨收入為 300 萬日圓→ROAS 3.0（又或是 300%）

經由廣告而來的銷貨收入為 500 萬日圓→ROAS 5.0（又或是 500%）

這個指標的數字可以思考為愈高愈好。

那麼，單純只是打算提高 ROAS，又會如何呢？

ROAS 低的廣告可以停止投放，但如此一來機會損失便會增加。每位顧客銷貨利益雖會增加，但利益總額會減少。ROAS 提升雖然表示廣告效率較佳，但會出現利益總額減少的現象。

ROAS 並沒有所謂的最適值。在以回購為前提的定期購入（訂閱制）的狀況下，即使 ROAS 低於 1 也會產生利益。ROAS 並非如下單純的指標，1 以上便是獲利、不滿 1 則為虧損。

ROAS 是為了比較不同廣告，或者相同廣告時段、但不同時期效果的指標，例如「廣告 A 與廣告 B 相較，ROAS 較差」「廣告 A 與上個月相比，這個月的 ROAS 較佳」等。

因此在敝公司會確認機會損失、損益平衡，用於「**廣告投資平衡指標**」（自創詞語）的計算上。

若有複數商品，則 CPO 也會隨個別商品而不同，可將其彙整，檢視是否有機會損失或過度投資。

廣告投資平衡指標＝CPO 實績÷上限 CPO

算出這個指標，若小於 1 則為機會損失，大於 1 則為過度投資，**1 為最**

適當。

舉例來說，上限 CPO 為 6,000 日圓，結果 CPO 的實績則為 5,000 日圓，則 CPO 實績 5,000 日圓÷上限 CPO 6,000 日圓＝0.83

所以，從數值可得知有機會損失。

每週確認 1 次上述指標，若數值超過 1 則抑制廣告投放，若低於 1 則指示可稍微增加廣告的投放量。

過去我們針對數值超過 1 的廣告，會指示「此為過度投資，所以停止投放」。

但若光指出過度投資，則員工會矯枉過正、變得不投放廣告。因為過度投資或機會損失皆不可取，所以我們開始使用此指標來判斷。

3 銷售額最小化、利益最大化的法則

即使銷售額減半，但利益 1.5 倍、利益率 3 倍

希望各位讀者參考圖表 31。

假設有 1 年 LTV（Lifetime Value→第 145 頁）為 1 萬 1,000 日圓的商品。

為銷售此商品所耗費 CPO 的上限（上限 CPO）設定為 1 萬日圓。

為了獲得 1 位新顧客需花費 1 萬日圓，1 年間的銷售金額為 1 萬 1,000 日圓，每位顧客 1 年的目標利益為 1,000 日圓。

假使開發新顧客 1,000 人，因 CPO 為 1 萬日圓，所以廣告費為 1,000 萬

圖表 31 │ 銷貨收入最小化、利益最大化的法則

	1年LTV	上限CPO	年度目標利益
	11,000日圓	**10,000**日圓	**1,000**日圓

	新顧客 開發數	CPO	廣告費	年度銷貨收入	年度利益
總額	1,000件	10,000日圓	1,000萬日圓	1,100萬日圓	100萬日圓

上限CPO以內

	銷貨收入	利益	利益率
	1,100萬日圓	**100**萬日圓	**9**%

日圓。

新顧客所帶來的年度銷貨收入為：

一年 LTV 1 萬 1,000 日圓×新顧客 1,000 人＝年度銷貨收入 1,100 萬日圓

若商品的淨毛利率假設為 100%，則

銷貨收入 1,100 萬日圓－廣告費 1,000 萬日圓＝年度銷貨利益 100 萬日圓

＊利益率 9%

看到這裡，許多的經營者應該會認為「達成目標」、「沒有特別的問題」吧。

但是，因為在上述算法中，只看得到整體廣告費，但不看個別廣告的項目細節是不行的。

希望各位讀者參看圖表 32。

我們原本是以總額方式來管理廣告，但後來改為個別管理。

圖表 32 中上方的表格，新顧客的開發數量總數為 1,000 人，而廣告 A 與 B 皆相同各為 500 人。

若檢視 CPO，則廣告 A 為 8,000 日圓、廣告 B 為 1 萬 2,000 日圓。

平均下來雖然是 1 萬日圓，但是廣告 B 本身已經超過了上限 CPO 1 萬日圓。

廣告 A 的費用為 400 萬日圓、廣告 B 為 600 萬日圓。雖然年度銷貨收入同為 550 萬日圓，但是年度利益又是如何呢？A 為 150 萬日圓、B 則為**負 50 萬日圓**。

進行個別分析後，就能得知對利益有所貢獻、無所貢獻的廣告。

而若如同圖表 32 的下半，喊停廣告 B 又會如何呢？

來比較一下 A、B 兩個廣告都投放、以及僅投放 A 的狀況吧。

圖表 32 │ 銷貨收入減半，利益 1.5 倍、利益率 3 倍

1年LTV	上限CPO	年度目標利益
11,000日圓	10,000日圓	1,000日圓

●若看廣告A與廣告B的個別表現

	人數	CPO	廣告費	年度銷貨收入	年度利益
廣告A	500人	8,000日圓	400萬日圓	550萬日圓	150萬日圓
廣告B	500人	12,000日圓	600萬日圓	550萬日圓	－50萬日圓
總額（合計、平均）	1,000人	10,000日圓	1,000萬日圓	1,100萬日圓	100萬日圓

廣告B超過了「上限CPO」

銷貨收入	利益	利益率
1,100萬日圓	100萬日圓	9%

●若放棄對利益沒有貢獻的廣告B

	人數	CPO	廣告費	年度銷貨收入	年度利益
廣告A	500人	8,000日圓	400萬日圓	550萬日圓	150萬日圓
~~廣告B~~	~~500人~~	~~12,000日圓~~	~~600萬日圓~~	~~550萬日圓~~	~~－50日圓~~
總額（合計、平均）	500人	8,000日圓	400萬日圓	550萬日圓	150萬日圓

若放棄廣告B，會怎麼樣？

銷貨收入	利益	利益率
550萬日圓	150萬日圓	27%

廣告A、B	銷貨收入 1,100 萬日圓　年度銷貨利益 100 萬日圓

＊利益率 9%

僅廣告A	銷貨收入 550 萬日圓　　年度銷貨利益 150 萬日圓

＊利益率 27%

銷貨收入雖然減半，但利益為 1.5 倍、利益率則為 3 倍。

決定上限 CPO，不投放超過此金額以上的廣告

　　許多公司以整體總量的平均來管理廣告效果。實際上，他們直接統包給廣告代理商，並委託「希望在上限 CPO 1 萬日圓以內，開發最大限度的新顧客」。

　　廣告代理商組合各式各樣的廣告，讓廣告組合整體的 CPO 合於 1 萬日圓以內的條件。其中，若有 CPO 超過 1 萬日圓的廣告，也有低於 1 萬日圓以下的廣告，整體的平均合乎 CPO 1 萬日圓的條件。

　　但是，敝公司的鐵律是**個別計算、測量 CPO，絕不投放超過上限 CPO 的廣告**。

　　廣告刊登或行銷活動，若每天計算發現收支不平衡就先喊停。先喊停，再重新調整。

　　當計算後發現收支不平衡，則確認是報價太高、點擊率（在廣告曝光次數中被點擊的比率）低、轉換率（商品購買或進一步詢問資料等「廣告主設定目標」的達成率）低，經過調整之後再次投放廣告。

　　例如，若今日比起前天，下訂數減少。

　　此時按廣告媒體別，區分哪個媒體減少？訂單少了多少件？依商品別，

區別訂單各自又減少多少件？是廣告曝光次數減少？抑或是轉換率下降了？
敝公司會以一覽表呈現這些項目，每天早上討論相應的對策。

只要花了行銷費用，任誰都能夠提升銷貨收入。但是，競爭銷貨收入的
數字是沒有意義的。

以廣告而言，拿出 CPO 10 萬日圓，誰都可以提升 100 億日圓或 200 億
日圓的銷貨收入，但利益總額卻虧損。

我們並非以提升銷貨收入為目標，而是以**產出利益總額為目標**。

將投放的廣告按照項目分項管理，赤字的廣告全部下架。如此一來，雖
然銷貨收入會減少，但**利益卻會增加**。

不敷成本時段的廣告全部下架

網路廣告即使以日單位看來收支平衡，但**若以時段來看，則會有獲利時
段與虧損時段**。白天明明收支不平衡，但夜間時段可能很划算。因時段而
異，轉換率會產生令人眼花撩亂的變化。

白天，假設電車乘客從智慧型手機看到敝公司的廣告加以點擊。

在這個階段，敝公司就會產生「點擊費」的成本。但是，點擊後是否會
看跳轉的頁面、購買商品才是關鍵。若商務人士白天很忙，即使點擊了廣
告，仔細瀏覽跳轉後頁面、購買商品的狀況較少。另一方面，較常見的情況
是，到了晚上消費者會詳細瀏覽網頁、若是喜歡便下單。以敝公司而言，晚
間的（點擊、瀏覽並購買）購買率（轉換率）較高。

不敷成本時段的廣告全部下架，只留下收支平衡的廣告時段。

因為，這麼做銷貨收入便能下降，雖然會讓許多經營者不悅，但利益率
與利益額都會提高。

敝公司**每天確認 5,000 支廣告**。由於我們有過濾超過上限 CPO 的機制，立刻就能夠檢查出來。說得更詳細一點，按照商品別，有曝光次數、點擊數、使用金額的基準，不符合基準就會被系統篩選出來。先下架不合基準的廣告，思考收支不平衡的理由，調整之後再重新投放。

「母廣告」與「子廣告」的管理方式

不論經營何種事業，只要仔細檢視，其實虧損訂單十分常見。精算並停止這樣的交易，**在最小化銷貨收入的同時，能夠將利益最大化。**

以下是稍微應用層面的內容，我們將一般的廣告稱為「**母廣告**」，而將指定關鍵字搜尋廣告、再行銷（retargeting）廣告稱之為「**子廣告**」。

所謂的指定關鍵字搜尋廣告，是指針對搜尋敝公司「商品名稱」的人所下的廣告。

而再行銷廣告，則是特定針對曾點擊過母廣告的人，為這個族群重複投放的廣告。

子廣告是針對已經對商品有興趣的人所下的廣告，所以轉換率較高；相對於此，母廣告的轉換率較低。但是，子廣告是因母廣告存在才能夠產生的廣告。因此，若是母廣告不敷成本而被下架，子廣告就沒有登場的機會。

因此，**透過系統加以掌握母子廣告關係**，像了解「此一搜尋指定關鍵字的人（又或者是點擊了這個再行銷廣告的人），之前是否點擊過什麼樣的母廣告」，思考母、子廣告合作來進行 CPO 管理。

例如，**若上限 CPO 為 1 萬日圓，母廣告為 1 萬 2,000 日圓、子廣告為 8,000 日圓，則母子廣告平均會落在上限 CPO 以下。**

僅僅追加 8 個字就讓銷售額增為 1.5 倍

在本章的最後，我打算介紹**僅僅追加 8 個字就讓銷貨收入提升 1.5 倍**的廣告策略。

我們經營特產的網路販售業務時，最暢銷的商品是毛蟹、干貝與甜蝦的「體驗組」（商品價格 2,980 日圓，含運費）。

當時在網路上幾乎沒有廣告媒體。因為我原本也沒什麼資金，因此無法以「花費成本來銷售」的方法做生意。我除了販賣知識之外，別無他法。

因此我在選擇商品個數的下拉式選單的旁邊，加上了「**1 位顧客限購 2 件**」這「**8 個字**」。

如此一來，所有購買者中約有半數都買了 2 件商品。

幾乎所有人買東西時，都不會考慮「要買幾個」，大概都認定買「1 個」。光是加上「1 位顧客限購 2 件」的文字，便會讓大家想「要買幾個」、「如果只能買 2 個的話，那現在就先買 2 個起來放比較好」。

當時公司規模尚小，因此這麼做對於銷貨收入的影響大概就是幾個月內、數 10 萬日圓左右的程度，但如果是月銷售額 1,000 萬日圓的商品，則靠著「8 個字」應該就可以增加每月銷貨收入到 500 萬日圓、年度銷貨達 6,000 萬日圓吧。我想要特別說明的是，我們並非因為花了廣告成本而讓商品暢銷，而是「**運用智慧才是王道**」。

Chapter 6

緊抓住粉絲且讓他們
永不變心的「演歌戰略」

1 顯眼的行銷一無是處

「暢銷」不等於「長銷」

若以一句話說明「北方達人」的事業，就如同前述的「D to C」與「訂閱制」。

我已經解釋過如何靠打造**高品質商品**來解決顧客煩惱（第 4 章），怎麼藉由網路廣告宣傳來**開發新顧客**（第 5 章），以及之後如何讓客戶**定期購入**（第 4 章）。

其實同樣都說是「買東西」，但是首次購買與第 2 次之後的購入是不同的行為。

行銷力對首購影響很大。

因為消費者購買的是不曾使用過的東西，所以會暢銷的商品未必是「品質好的物品」，而是「看起來好像不錯的東西」。商品看來是好是壞，是由「銷售方式」所主導，例如設計感、文案、商品照片等。

但是，若光是「銷售方式」厲害，消費者只會單次購買就結束了。若僅僅是「看起來還不錯」，但實際品質不佳，顧客是不會回購的。

另一方面，第 2 次購買之後的回購，**品質力**才是關鍵。

只有「品質好的物品」才能夠持續銷售。敝公司的健康食品、保養品等的分量大概 1 個月左右會食用、使用完畢。喜歡這些商品的顧客會每個月購買。定期購入的銷貨收入比例約占整體的 7 成。敝公司的顧客人數約 30 萬人。因為一旦開發成功的顧客會重複購買，所以不用花費 CPO。

因此，在五階段利益管理中的行銷費用等便會減少，銷貨利益會增加。並且，將相應於此部分的經費花費在銷貨成本上。換言之，即投資在「品質」上。結果，敝公司的銷貨成本率雖然是同業的 2～3 倍，但營業利益率也有數倍之譜。

為了提升銷貨收入，**穩定與維持既有顧客**是非常重要的。

但是，實際狀況是多數公司將心力投注在花費高額廣告費、開發新顧客上。若藉此獲得的顧客又離開的話，便必須重新開拓新客戶，所以經常需要花費 CPO。

若投資在商品品質上，維持與既有顧客的關係；以結果而論，這會連動到每位顧客向該企業支付的總額＝**LTV（顧客終生價值）的提升**，公司將成為高利益體質。

電視採訪紛至的理由

2008 年，我們在「北海道.co.jp」經手北海道特產，每個進貨商都會問：「我們可以算便宜一點，要不要跟我們進蟹腳折損的螃蟹或破損的鱈魚子？」

這些東西明明品質很好，卻因為是惜福品，所以價格便宜，可以說我們變成是食品版的暢貨中心。

我因此成立了專門販售「惜福美食」的購物網站，將規格不適合當成一般正規商品銷售的北海道產品，以 2～7 折不等的折扣販售。

當時，正是發生雷曼兄弟經濟危機之後的不景氣時期。

大眾接受「外表雖然沒那麼漂亮，但味道完全不受影響的螃蟹」「雖然大小不一、但超便宜的好吃鱈魚子」，我們公司因此在媒體上被冠上「對錢

包友善的美食」之名而被報導。

　　敝公司被表彰、鼓勵對電商普及有貢獻的網站「日本線上購物（online shopping）大賞」（由 EC 研究會主辦）選為最優秀賞也幫了大忙，媒體的採訪委託又更進一步增加。

　　我們被《三野文太的早晨正中紅心！（みのもんたの朝ズバッ！）》（TBS 電視台系列）、《news every.》（日本電視台系列）、《花丸市場（はなまるマーケット）》（TBS 電視台系列）等當時的生活資訊型節目連續介紹，接受採訪的數量 1 年達到 30 次。

　　其中最具代表性的是《蓋亞的黎明（ガイアの夜明け）》（東京電視台系列）。

　　當時的副社長，在「讓沉睡的庫存變身為『寶物』」節目主題下，將「外表不夠漂亮的夕張哈密瓜」等各式各樣的惜福商品進行銷售的模樣在電視上播放，成為日本全國的熱潮。

　　在一開始接受採訪的同時，我們認為「中啦！媒體為我們做了這麼多宣傳，一定會大暢銷吧」。

　　但是，期待卻完全落空。我們立刻注意到不論是銷貨收入或利益都沒有提升。

經比較、檢視後所選擇的商品

　　這是為什麼呢？

　　敝公司在電視節目介紹之後，顧客人數確實增加了。但是，同時模仿我們經營模式的同業也增加了。不僅是中小企業，連大企業也參戰加入「惜福品」市場。而這都只是發生在一瞬間。

在網路上搜尋「惜福品美食」，相似的網站便排排站出現，所以顧客根本無法分辨到底哪一個是在電視上看到、敝公司的網站。而是，在搜尋結果中找尋看起來最好的、最便宜的商品。

「惜福品網站」不限於食品，「惜福品家電」「惜福品家具」「惜福品客房」「惜福品旅遊」等形成了一大風潮。

我們冷靜檢視狀況，判斷「惜福品美食」的網站無法成為敝公司的成長動力引擎。

在今天這個時代，引起風潮的人無法蒙受其利。

在網路普及之前，帶起風潮的成果會集中在引起風潮的人身上。

不過，現在利用搜尋引擎或網路可以立刻檢視。風潮一旦興起便會出現許多搭便車的公司。靠點子定勝負的生意立刻就會被模仿，藍海瞬間變紅海。

我們必須要打造出在搜尋引擎上經過比較、檢視後，消費者會願意買單的商品才行。

為什麼在熱潮消退後，消費者仍持續定期購買？

熱潮不過一時風靡，就立刻會被模仿，無法長銷。

從種種經驗中，我們學到公司必須要成為靠商品品質來一決勝負的唯一（only one）才行。長期銷售基本款商品，只跟真心喜歡自家商品的顧客往來。

在健康食品、保養品的領域中，雖然有像酵素、氫水、CoQ10、白藜蘆醇（Resveratrol）等許多紅極一時的成分，但蔚為話題之後，熱潮便會消退。隨熱潮購買的顧客，又會轉向下一波的熱潮商品，難以成為固定客群。

敝公司使用奧利多寡糖、梅精、竹醋液、玻尿酸等這類不受風潮左右的基本原料，以是否具有高效果來進行商品開發。我們即使使用了正在風頭上的材料，也不會特別標榜，而是穩健地開發商品。買單的顧客是因為喜歡商品，而非熱潮而下單。我們了解到這樣的顧客即使在熱潮消退之後，也會持續定期購入。

引發排隊熱潮的店家不代表成功的理由

我想要試著思考「大排長龍的店家」，來討論流行風潮。

若從經營觀點來想大排長龍的事實時，會發現這是「機會損失」。

無法應對需求＝若要應對需求，便無力銷售。

若在此時擴增店面、增加人力，提升供給量，消化大排長龍的隊伍又會如何？

此處不同做法將會導致相異的結果。一種是消除了機會損失，而銷貨收入提升的店家。另一種則是因排隊人潮消失，稀缺價值下降、銷貨收入跟著減少的店家。

即使同樣大排長龍也分別代表了不同的意涵。前者是因「品質」所形成的排隊人龍；後者則是因為「話題」所造成的排隊隊伍。

有這樣的狀況：「為什麼要購買這樣商品？」「因為目前大受歡迎。」

「大受歡迎」便是表示「因為暢銷，所以購買」。沒有人知道「受歡迎的原因」。這就是流行風潮。因為話題而引發的排隊隊伍，一旦供給量上升立刻就會陣亡。因此，首先要打造出**因品質而形成的大排長龍**。其後，為了消除排隊人流，在維持與提升品質的前提下，慢慢地增加供給量。

能引起大排長龍的拉麵店若開設多家店舖，則排隊人流會消失，即使逐

漸未獲媒體報導，只要保持美味便能持續暢銷。以多店鋪的連鎖方式展店，利益會提升。

成為話題與產生利益是兩回事。 以品質論勝負，當店面數量增加，同時顧客也變多，那麼提升店鋪數量是較好的選項。若是以稀缺價值（物以稀為貴）來定勝負，則維持少量座位數就好。大排長龍並不代表成功。**當排隊人潮消失後，才能確定是否為真正的成功。**

不引人注目的行銷才好

接下來，說明兩種行銷方式（圖表 33）。

那就是「引人注目的行銷」與「不引人注目的行銷」。

顯眼的行銷是透過電視廣告或宣傳活動等，以不特定的多數人為受眾對象，以「引人注意」與「蔚為話題」為目的。

執行引人注目的行銷，但銷貨收入無法提升的原因，大多是陷於自我滿足、小圈圈溝通與消費者缺席。

另一方面，若銷貨收入增加便會著眼於競爭關係；競爭轉趨激烈則利益就會下降。

引人注目的行銷，對公司而言幾乎沒有好處。常有的案例是即使投放很多電視廣告，卻未產出銷貨收入或利益。

相對於此，不引人注目的行銷，則是僅希望讓目標受眾所知。

而進行不引人注目的行銷、但銷貨收入沒有提升的狀況，則是因為過於引人注意而未被目標族群發現。

另一方面，**若是透過不引人注目的行銷而銷貨收入有所提升，是因為沒有產生競爭關係，公司就可以永續成長。** 我們應該以此為目標。

圖表 33 | 引人注目的行銷與不引人注目的行銷

引人注目的行銷 ── 以不特地多數人為對象，例如投放電視廣告或舉辦
活動等以「引發注意」「蔚為話題」為目的的行銷

不引人注目的行銷 ── 僅希望讓目標族群所知的行銷

	銷貨收入未提升的原因	若銷貨收入提升
引人注目的行銷	1 自我滿足、小圈圈行銷、消費者缺席	2 著眼於競爭，最終競爭關係趨於激烈，利益率下降
不引人注目的行銷	3 過於引人注目而未得到目標消費者認同	4 銷貨收入上升，因未產生競爭關係，永續成長是可能的

雖有知名度與名氣，但無法產生利益的公司，
執行的是「引人注目的行銷」

廣告的目的不是引人注目，而是產出利益

「北方達人」執行的是不引人注目的行銷。網路廣告是按照商品別，收斂目標族群來投放。因此，在目標族群之外並沒有什麼知名度。

舉例來說，年輕且對網路行銷有興趣的人，即使知道「北方達人」，也幾乎不知道主打健康食品、保養品的「北乃快適工房」品牌。

此外，在股東會的時候，某位年長的男性股東曾說「雖然聽說『北方達人』的業績穩定成長，但我沒有真實感啊。因為你們家的產品，我既沒看過，也沒聽過。你們成績還差得遠啊」。

這句話其實是「稱讚」。

因為說話者並非我們的目標族群。若未苦於「眼下肌膚的老化」，就算知道有消除此煩惱的眼霜也無價值。若沒有因「便祕」而苦，就算知道有處理此煩惱的健康食品也沒有意義。

在開始經手奧利多寡糖的健康食品時，我們就已思考過顧客會以什麼關鍵字搜尋。就在此時，我們得到下述的資訊：**懷孕的女性雖然很容易便秘，但又不想吃便祕藥。**

據說若大量服用強效的便祕藥，可能造成流產，因此大家才希望養出不會便祕的體質。奧利多寡糖可以維持腸內的環境健康，轉化為不易便祕的體質。因此我們設定，消費者**若搜尋「懷孕」「便祕」等關鍵字，便可能看到敝公司的廣告。**

但是，目標族群之外的人甚至不知道有這樣的商品。

別家公司跟敝公司難以產生競爭關係也出於此原因。

投放廣告的目的不在於引人注目，而是產出利益。不引人注目的行銷才最能夠產生利益。

技術程度低的市場會讓人很想執行引人注目的行銷。原因是大家很想要指著電視廣告，告訴別人「這是我做的」。因此，廣告代理商會不斷提案引

人注目的行銷。因為，他們全未考慮這種做法只能暫時提升銷貨收入。

真正具技術者思考的是，如何透過不引人注目的行銷來提升利益。

即使沒有知名度，只要有實力就會賣

距今約 30 年前，日本學生援護會的「DODA」的電視廣告曾大為流行，據說「轉職」就等於「DODA」。「DODA」也成為轉職資訊雜誌的代名詞。

但實際上，比起「DODA」，瑞可利集團轉職資訊誌《B-ing》的銷售額（求才廣告刊載費用的銷貨收入）更高。當時《B-ing》的業務能量更高。從此經驗我感到「**即使沒知名度，只要有實力就會賣**」。

敝公司不在乎知名度。顧客有**看穿「真品」的眼光**。「無知名度卻很暢銷」就是「真品」的證據，這是**值得誇耀的現象**（我認為這並不代表「知名度不必要」，而是「知名度並非必要條件」）。

你希望大家覺得自己有名又酷，還是想產出利益？期望不同，則該採取的行動會也不一樣。

敝公司不會花錢和時間在只為提升知名度的沒用活動上，所以才能提升利益。

說得極端一點，我們只希望消費者知道商品的存在就好了。胡亂無益地企圖提升知名度會耗費成本，所以我們不冀望獲得消費者以外的認同。商品只需要讓有需要的顧客知道就好，而且我們會與這些顧客維持長久交往。

讓知名度隨之提升的最理想狀況是少量、逐漸地增加顧客數目。

2 只對必要的人打廣告，「行銷漏斗」的思考方式

何謂支配 D to C 的「行銷漏斗」？

「北方達人」可說是 D to C 的企業。

我們直接販售自家企畫、生產的商品，而非透過零售店等的途徑提供給消費者。藉由社群媒體、電商網站、直營店面與消費者直接溝通，販售自己生產的商品。這是許多服裝與美容化妝品牌採用的經營型態。D to C 模式與顧客建立了直接接點。

另一方面，因為 B to C 一般是藉由零售店販賣商品，所以難以掌握消費者是什麼樣的人、以何種頻率購入。但是，D to C 因為自家公司便是銷售管道，所以能夠累積顧客資料，提供符合顧客需求的貼心服務。

此處，我將思考 D to C 的行銷漏斗（marketing funnel）。

所謂的行銷漏斗指的是如何讓顧客從認知、抱持興趣與關心，比較、檢討到購入的流程。

在漏斗中的相關對象人數愈來愈少、收斂。假設最初有 100 人知道某個產品，以比例而言其中 60 人會抱持興趣與關心，30 人會比較、檢討商品，10 人最終會購買商品。

若檢視圖表 34，某家公司使用認知成本（廣告費）1 億日圓，銷貨收入 1 億 1,000 萬日圓，利益為 1,000 萬日圓。

那麼，若希望利益增為 10 倍的 1 億日圓，該怎麼做呢？

圖表34│D to C 的行銷漏斗①

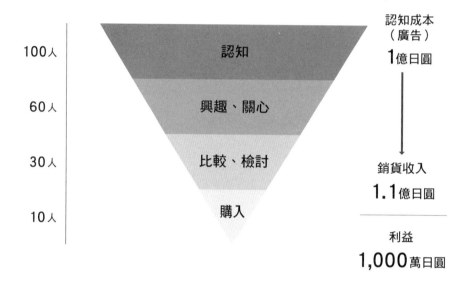

100人	認知
60人	興趣、關心
30人	比較、檢討
10人	購入

認知成本（廣告）
1億日圓

↓

銷貨收入
1.1億日圓

利益
1,000萬日圓

將1億日圓當成認知成本（廣告費）使用，
則銷貨收入變為1億1,000萬日圓、利益成為1,000萬日圓

若以過往的行銷思考方式而言，則大家應該會將認知成本調增為 10 倍的 10 億日圓，然後預期銷貨收入會等比成長為 11 億日圓，且以利益 1 億日圓為目標吧（圖表 35）。

但是，這個方法會碰上**人數上限**的天花板。不論是網路或電視廣告也好，觀看的人數都是有限的。

而在 D to C 的情況下，則執行不引人注目的行銷。換言之，也就是收斂認知度圈。

情況如同圖表 36。

認知成本從 1 億日圓刪減為**1,000 萬日圓**，刪除「雖然知道商品、但不會購買的人」，「只為可能會買的人」所知。

在投放電視廣告時，大半看到的觀眾都是不會購買的。不會購買的人就算讓他們知道商品資訊也無濟於事。我們會放棄接觸不會購買者的一切行銷手段。

藉 1 億日圓的認知成本，得到 10 億日圓的利益

相較之下，藉此銷貨收入將維持原本金額，成本下降而得到利益 10 倍的結果。

這就如同網路廣告，是因具有發揮目標族群區隔功能的優秀手法才能夠辦到的。

若檢視圖表 36，應該就會明白何以「**不知道商品**」是稱讚了吧。

對我說「雖然聽過『北方達人』公司名稱，但不知道你們家有什麼商品」的人，便是圖表 36 的**倒三角形**中的**白色區域**中的人。

若將此推展到 10 個項目（商品）上，就可**藉 1 億日圓的認知成本將利**

圖表 35 │ D to C 的行銷漏斗②

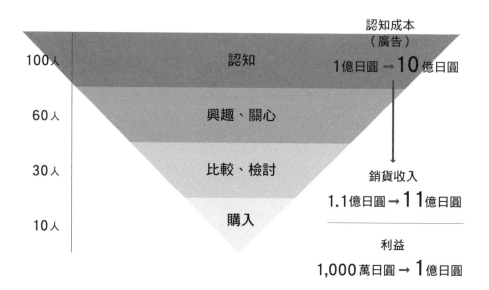

認知成本
（廣告）

1億日圓 → **10**億日圓

100人	認知
60人	興趣、關心
30人	比較、檢討
10人	購入

銷貨收入

1.1億日圓 → **11**億日圓

利益

1,000萬日圓 → **1**億日圓

> 傳統的行銷邏輯，認為認知成本（廣告費）增為10倍，
> 認知度就會提高10倍
> ↓
> 但是，終究將碰上人數上限的問題

圖表 36 | D to C 的行銷漏斗③

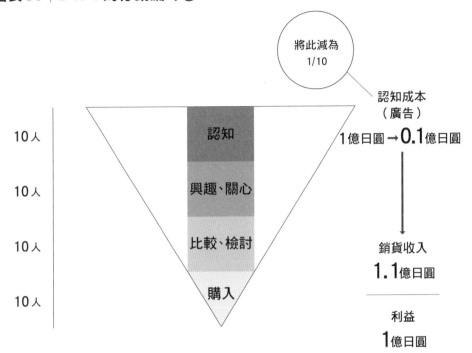

將此減為
1/10

認知成本
（廣告）

1億日圓→**0.1**億日圓

10人　認知

10人　興趣、關心

10人　比較、檢討

10人　購入

銷貨收入
1.1億日圓

利益
1億日圓

只讓商品為購入可能性高的人所知，
收斂、限縮廣告範圍

※因為投放的是網路廣告才能辦到

益提升到 10 億日圓（圖表 37）。

在廣告業相關的從業人員中，也有人認為「廣告是被討厭的」。

也有廣告創意人感嘆「電視廣告總是被跳過」「網路廣告跳出來的時候，總被人說很惱人」等。

希望這些人好好想想為什麼廣告會讓人覺得很煩。

因為將商品資訊傳給目標族群以外的人，才會被認為很煩人吧。

對於消費者而言，只有與自己有關的商品廣告才是有益的資訊。

但是，能否做到這一點與商品的性質息息相關。

「北方達人」推動複數「解決顧客個別煩惱」的利基商品。

我們的商品不是希望讓許多人喜歡，而是打造出針對抱持特定煩惱的人、讓他們有高機率會購買的商品。

以奧利多寡糖成分的健康食品為例，在銷售初期，搜尋「懷孕」「便祕」等關鍵字的人，100 人中有 1 人購買。搜尋相關關鍵字的人有 10 ％點擊廣告，瀏覽網頁的人中有 10 ％會購買。

我們只針對購買機率高者投放廣告。網購可以將目標族群限縮在比較精準的範圍內，所以相對而言 CPO 較低。之前已多次提到不打電視廣告是因為 CPO 很高，因此我們目前仍未打算使用此手法。

「向誰、傳達什麼、如何傳達」的「什麼」是創造力的關鍵

在思考廣告時，許多人會突然直接思考「如何傳達」。

但是，在此之前需要回到上一個階段，思考「傳達什麼」。

例如，打算要向使用者溝通 iPhone 時，不是突然憑空去想 iPhone 的廣告宣傳詞，而是首先要思考 iPhone 的強項、與其他商品的不同之處，以及

圖表 37 | D to C 的行銷漏斗④

10人	認知	認知	認知	認知	認知	認知	認知	認知	認知	認知
10人	興趣、關心	興趣、關心	興趣、關心	興趣、關心	興趣、關心	興趣、關心	興趣、關心	興趣、關心	興趣、關心	興趣、關心
10人	比較、檢討	比較、檢討	比較、檢討	比較、檢討	比較、檢討	比較、檢討	比較、檢討	比較、檢討	比較、檢討	比較、檢討
10人	購入	購入	購入	購入	購入	購入	購入	購入	購入	購入

認知成本
（廣告）

1億日圓 → 0.1億日圓 → **1**億日圓

↓

銷貨收入

1.1億日圓 → 1.1億日圓 → **11**億日圓

———————————

利益

1,000萬日圓 → 1億日圓 → **10**億日圓

若推展到10個項目，
與最初相同的認知成本1億日圓便可創造10億日圓的利益

應該要傳達什麼。

在 iPhone 發售初期，蘋果公司以「全新的便利商品」來推廣商品整體的行銷活動。當市場產生變化，智慧型手機成為理所當然的存在之後，則其公司開始傳達「相機優異性」的訊息。寄送、傳遞由 iPhone 所拍攝的高畫質影像，強調「我們也可以拍出這樣的影像」「iPhone 所拍攝的影像讓人感動」等。

使用者會對「**傳達什麼**」有所反應。

大型升大學補習班「代代木研討會」的宣傳詞是「讓第一志願成為你的母校」。

這句宣傳詞非常有名、廣受矚目，但消費者是否因此一宣傳詞而去代代木研討會又是另外一回事。這句宣傳詞能套用在任何補習班，可以說完全無法呈現代代木研討會獨有的特徵或優越性。

另一方面，某間升大學補習班的宣傳詞是「**第一志願合格率 95%**」，雖然以廣告詞來說，這句話平凡無奇，但據說補習班學生卻對此迴響熱烈。它提到了「只有這家補習班才能誇下海口的實績」，因而可以達到「差別化」的目的。簡要來說，便是「**傳達什麼**」。

「如何傳達」的內容即使平凡，也能夠直接打動目標族群。

雖然一般而言，世間廣告受到好評的商品通常都沒那麼暢銷。

另一方面，暢銷商品的廣告本身極少受到好評。許多與銷貨收入連動的廣告訊息，都是平鋪直敘地呈現差別化的重點，因此就廣告本身而言不太有趣，作為創作作品也不會受到太高的評價。

但是，要連動到銷貨收入，**傳達的訊息**很重要，若藉此還無法達到差異化，就要在「如何傳達」上下工夫。

網路行銷在「**向誰、傳達什麼、如何傳達**」中的「**向誰**」的層面，可以

透過網路媒體的區隔化功能提升精準度，而「**傳達什麼、如何傳達**」的內容，則是透過廣告表現的創造力來完成的工作。

在網路出現之前的行銷活動，需要先思考「向誰」以市場區隔。

若是以家庭主婦為目標的商品，在創意中便要呈現「以家庭主婦為主訴求對象」。

電視廣告最初的第 1 秒，就由打扮成主婦的角色登場，吸引她們的視線。廣告播放的時間帶也選擇以許多家庭主婦能夠觀看的時間為主。

另一方面，現在的網路行銷，例如 Google 或 Facebook 的 AI 能夠掌握「對象是否為家庭主婦」。由網路媒體來進行區隔化，向更有可能購買的人、在可能購買的時間帶，自動投放廣告。

但是，區隔化功能不過只能夠替代「向誰、什麼、如何」之中的「向誰」，「**傳達什麼**」「**如何傳達**」的部分沒有改變，仍由創意擔負起重責大任。在今後的網路行銷中，**創意的重要性將會更高**。

而且，「向誰」的部分也受到個人資料保護觀點的規範。

在歐洲未經許可無法取得個資的《歐盟資料保護一般規則》（General Data Protection Regulation，簡稱 GDPR）已經完成立法。今後，在網路行銷上可能漸漸地無法再使用區隔目標族群的功能吧。如同過去的電視廣告，若無法藉由創意進行「向誰」的市場區隔化，則廣告效果會轉趨低落。

因此，行銷人必須培養能回歸原點、鎖定目標族群的**廣告表現創意力**才行。

3 與購買過 1 次的顧客交往一輩子

讓顧客持續愛你的「演歌戰略」是？

藉由提升利益的不引人注目行銷，與必要的顧客相遇。然後，讓這些顧客持續熱愛你。這是最佳狀況。我稱此為「**演歌戰略**」。

當我還是孩子、看排行榜的歌唱節目，有時會感到不可思議。節目中以 Live 公布每週排行榜第 10 到第 1 名的歌曲。在排行榜上名列前茅的，主要都是年輕、人氣歌手演唱的流行歌曲。

節目中有介紹排名第 20 名到第 11 名歌曲的單元。而長期盤踞這些名次的是演歌歌曲，都是我不知道的歌曲。我也不認識這些演唱歌手（正確來說，我當時還小，所以對演歌不熟悉吧）。

排行榜每週都會大洗牌，而這些演歌長期持續在 20 名以內。

而令人驚訝的是，在年底發表的全年度排行榜中，這些演歌都會名列前茅。我想這就是自己感受到「在電視上的曝光度高與會不會暢銷不相干」的原點。

自此以來，我持續思考「為什麼演歌歌手明明不上電視，卻能持續暢銷」。

這是後來我從音樂業界的人聽到的內容，他們提到演歌歌手重視的是「**與顧客直接見面與握手**」。

比起只能在電視上看到的人氣歌手，實際上握過手的歌手更能讓人產生親近感、更加讓人打從心裡想要支持。讓人覺得「那個人出新歌了，來買一

下吧」。我學到了「**演歌歌手如果握過 3,000 人的手，便一生都有飯吃了**」。

如此想來，有很多出身北海道的歌手採取此種戰略。

北島三郎或細川貴志是演歌歌手就不用說了，松山千春、中島美雪、GLAY 等人也很少上電視。但是，他們透過持續現場演出，緊抓顧客的心而持續活躍數十年。

GLAY 每天花 30 分鐘，為粉絲寫生日祝福的戰略

日本搖滾樂團 GLAY 在某個時期以前，經常出現在電視上。這應該是為了吸引顧客參加現場演出的宣傳戰略吧。

1999 年在日本幕張展覽館停車場特設舞台所舉辦的「GLAY EXPO' 99 SURVIVAL」中，動員了 20 萬人，創下單一藝術家團體收費演出（每一場次）觀眾人數的世界紀錄（當時）。我想他們是在粉絲持續增加超過此規模、現場演出也無法容納得下的時間點，放棄上電視的。

他們從 2010 年開始成立自創品牌、活動，並開設了官方商店「G-DIRECT」。粉絲俱樂部也是由自己來營運。

主唱 TERU 在粉絲俱樂部的公布欄中會配合粉絲的生日，**每天為每位壽星個別寫下生日訊息**。這雖然辛苦，但收到訊息的粉絲，應該終其一生都會持續購買 GLAY 的 CD 吧。

反過來思考，僅僅是每天持續 30 分鐘，就能夠每天量產出一生持續購買 CD 的粉絲，這可說是非常有效率的行銷。提供顧客持續受到關愛的「**特別感**」，藉此維持粉絲的忠誠度。為了達到此目的，提供一對一溝通極其重要。比起透過電視，打造關係性微弱的粉絲，創造關係性深厚的粉絲更加有效率。

在公司內部開設「商品諮詢課」的理由

「北方達人」設有「商品諮詢課」。這個部門創設於「快適奧利多」發售之後的不久。

我們要做到不論顧客提出何種問題，自己都能回答的程度才會開始銷售商品。

與商品一同裝箱的「使用說明書」，也是在商品諮詢課完成的。

最初敝公司如同一般企業設有客服部門，由該部門的同仁針對商品努力學習，也進行客戶應對服務。

但是，客服部門的業務內容五花八門，包含了訂單處理、變更配送日、支付方式的問答處理。這與顧客可能提問有關商品、健康或美容等的業務種類相異。

因此，我們便讓這個部門獨立出來。

商品諮詢課的成員由營養師、美容師等具備相關證照者所組成。

這個部門有個規定，就是「**不能賣商品**」。當顧客提出與商品使用方式相關的提問時，若對方說「希望再追加 1 個商品」，此部門徹底嚴格執行「我幫您轉接銷售部門」的回答方式。

商品諮詢課擔負的是演歌歌手與粉絲交流的功能，也就是如同 TERU 生日祝福訊息般的事情。若生日祝福訊息還要收費的話，那麼代表的意義就變調了。

商品諮詢課的承辦人透過與顧客直接對話，便可理解顧客的心情。顧客會告訴我們他們的煩惱、生活中重視的事物、價值觀、家人的擔憂等。藉此我們也能夠理解顧客的心理層面。

在商品開發與行銷上，這個過程也起關鍵因素。雖然我們在每位顧客身

上花費了時間與人事費，但若思考所獲得資訊的質量，這其實是與利益連動的有效投資。

AKB48 也靠著「演歌戰略」大暢銷

在行銷上，「音樂家的戰略」是很重要的參考。

GLAY 是如何屹立不搖？射亂 Q（シャ乱 Q）、月之海（LUNA SEA）、X（現為 X JAPAN）一路上是如何增加粉絲的？他們的活躍程度可以直接拿來當成行銷戰略教科書使用。

基本上這些樂團都是採用「演歌戰略」。

射亂 Q 在大阪城展演廳前的街頭展開活動。與來參加街頭現場演出的人成為朋友。不僅樂曲，也包含以人性互動在經營粉絲族群。

月之海也是如此，他們徹底貫徹重視粉絲的運作方式。X 也是從業餘時代就會在現場演出結束後，和到場的客人交流、舉辦同樂會。如此慢慢累積出客群。

一直仔細觀察狀況的唱片公司製作人，應該也會認為「雖然不很理解他們的曲子，但具有集客能力。如果出道的話，唱片應該會賣」。

抓住顧客極為重要。僅靠樂曲定勝負的藝術家，暢銷程度會受到樂曲的好壞所左右。「這首曲子雖好，但那首曲子不好」，所以經常處在不穩定狀態。另一方面，與粉絲建立起穩固關係的藝術家則能經常保持穩定。

AKB48 由秋元康擔任製作人，其中心概念一般認為在於「以品質與滿足度來抓住粉絲」。

1980 年代同樣由秋元康擔任製作人的小貓俱樂部（おニャン子クラブ）雖然在電視上很流行，但一時的風潮過後便下台一鞠躬。此時，秋元康應該

就感覺到一對多的粉絲經營是無法長久維持的吧？

因此，AKB48 採用了小貓俱樂部所沒有的概念。

秋元康應該是**將一對一視為行銷的本質**，認為粉絲需要 1 個 1 個慢慢培養吧。

因此，他打造了能夠直接與偶像面對面的劇場。

傳說第 1 次演出，現場觀眾只有 7 個人。

其他工作人員都是電視圈的人，他們好像認為這種做法「失敗了」，但秋元康自己從最初就思考著粉絲要 1 個 1 個慢慢累積的戰略，並不認失敗。

他確信憑藉這種方式，一定能夠創造出黏著度與忠誠度高的粉絲。後來，實際上粉絲也逐漸增加。

而象徵 AKB48 的「一對一」的「握手會」成了社會現象。AKB48 也運用了「演歌戰略」。

而且，甚至出現了 1 位粉絲買數十張、數百張相同的 CD。

雖然有些人覺得這樣的風潮如此蔓延下去有點誇張，但出現了不惜做到這種程度也想要支持偶像的粉絲具有重大意義。

「一對一打造粉絲」產生了莫大的影響力。

Chapter 7

無經驗也能持續提升利益的人才戰略

1 無經驗者也能立即見效的業務改善

其他東證一部上市公司與「北方達人」的差異

因為敝公司員工的人均利益（收益）高，許多人經常認為我們是否將業務委外。將業務委外，員工人數會減少，因此人均利益增加。

但是，實際上我們不外包業務，幾乎都是自己來。

顧客服務中心、廣告操作也不假他人之手。數年以前，商品的捆包與出貨也由自己做，但現在因倉庫容量已飽和，所以委託給外部執行。

業務委外的缺點在於，無法檢視最佳整體經營並無縫改善業務。

因此，即使是委託外部執行的業務，若未達經營效率，我們也會再將業務拿回來執行，以圖強化效率。

此外，我們也曾被質疑「人均利益高，是因為壓低了員工薪水」。這也是因為刪減了固定費用，連動到利益增加的緣故。

但是，敝公司的大學畢業新鮮人員工的起薪在札幌總公司是 34 萬日圓，在東京分公司則是 38 萬日圓（依工作地點調整），在日本是第二高（2021 年實績）的薪水。

日本厚生勞動省公布的「令和元年薪資結構基本統計調查結果（首份工作薪水）概況」中，大學畢業的男女首份工作的平均薪水為 21 萬 200 日圓。但是，敝公司因為沒有獎金，所以若以年收入計算，則札幌總公司是 408 萬日圓、東京分公司則為 456 萬日圓。

根據日本國稅廳的「年齡階層別、工作年數別的平均薪資」資料，剛畢

業的新鮮人平均年收入約為 250 萬日圓，故敝公司的薪水絕對不低。而且我們還有每半年調整本薪的制度，可依據工作評價、提升本薪。

掌握「ABC 利益率」，讓大學畢業新鮮人成為即戰力

在敝公司，我們為了讓大學畢業新鮮人有即戰力，在組織業務結構的方法上，下了一番工夫。

這是經營者的重要工作。

根據業務運作的組織方法，五階段利益管理的 ABC（Activity-Based Costing→第 102 頁）也會有所不同。

ABC 利益是由銷貨利益減去商品別之人事費用所得出。

ABC 利益＝銷貨利益－ABC（商品別之人事費用）

如前所述，敝公司開始留意到 ABC，是在從經手北海道特產的「北海道.co.jp」、移轉到處理健康食品與保養品的「北乃快適工房」的時候。

北海道特產商品數很多。因為有個別商品的促銷活動，所以每件商品花費的工夫與利益也有所差異。而且，相較於健康食品與保養品，北海道特產花費的工夫與利益也有顯著的差異。

因此我們試著計算了**商品別 ABC**。

我們將在商品、服務銷售所花費的間接成本（人事費），以相應的比率加以分配，掌握各商品與服務的收益狀況。

如此一來，便清楚知道**相較於北海道特產**，「北乃快適工房」的 ABC 壓

倒性的低，因此 ABC 利益、ABC 利益率非常高。

耗費少量工夫便可產出巨大利益。我得知這一點時，實際感受到掌握 ABC 利益率的重要性，到今天都持續管理這個項目。

若檢視 ABC 利益率的動向，便可以知道該如何適切地建構業務運作的流程。

一邊檢視 ABC 利益率，**改善業務運作流程，並改變人力配置**。

爆單而對現場業務流程有切膚之痛

在經營特產網路銷售時，我們曾歷經物流量爆單，而對業務流程的重要性有切膚之痛。

爆單分為兩種類。一種是宅配業者方的爆單。另外一種是自家倉庫的爆單。

宅配業者將貨物集中在分送據點後進行分配，若超過各分送據點的容納量便會爆單。若如此，宅配業者甚至無法繼續接單。

若發生在自家倉庫，訂單過多便會趕不上出貨。到了年底，螃蟹訂單如雪片般飛來。這雖然是讓人開心到尖叫的事，但因人力不足無法應對處理。當時感覺是我們每捆包 1 件訂單，又會有 3 張訂單進來。

若超過現場可以處理的工作量上限，各式各樣的問題便會浮上檯面，例如出貨延遲、人工錯誤增加、員工工作意願低落等。這樣就會造成顧客的困擾。

所以，我認為必須要改善現場業務的工作流程。

但是，第 1 年時我實在不知道應該怎麼做。除了埋頭苦幹之外，別無他法。

大家一直在現場捆包貨物，做到半夜。這樣下來漸漸地，夥伴們都覺得受不了而決定放棄：「老闆，已經沒辦法了啦。」「是啊。沒辦法了啊」。然後，彼此無言以對。大家停下手邊的動作。1 個人、2 個人都坐了下來。

只有我與責任感強的員工依然持續捆包貨物到半夜，但對於如何防止爆單卻束手無策。

若是訂單件數少，1 個人包辦所有流程也沒問題。

假設有 1 筆訂單是「鱈場蟹 3 隻」、「花蟹 2 隻」。

這樣就能 1 個人揀選商品、捆包、貼上送貨單，放到出貨架上。

那麼，當訂單增多時，又該怎麼辦呢？

假設增加打工人員，採用同樣的做法也無法順利完成全部的工作流程。因為新人搞不清楚哪個是鱈場蟹、哪個是花蟹。

實際上，當訂單急遽增加時，我們曾找過臨時的打工人員。但他們不清楚螃蟹的種類，只是呆站在現場。

資深的打工人員雖然生氣「這些人幫不上忙」，但這是當然的。

因此我改變了業務流程的分工方式。當訂單件數多時，區分工作流程並加以分流。依照工作難易程度，進行人員配置。將前述的工程，分解如下。

❶ 印製訂單

❷ 揀選寄帳單上的商品

❸ 將揀選完成的商品裝箱

❹ 貼上送貨單、放置到出貨架上

其中❶、❸、❹是誰都能立刻上手的工作。❷則是若不知道螃蟹種類便無法完成的工作。

因此將有經驗的同仁集中配置在❷的流程上，❶、❸、❹則搭配臨時的打工人員。若突然訂單增加，則將工作人員分為只處理訂單印製、只負責揀貨、只負責裝箱，以及只負責出貨，這樣更能夠增進工作效率。

工作可以分為即使沒有經驗也能立刻上手的項目，以及若不夠熟練便無法勝任的項目。著眼於此差異，進行人員配置。

獨力工作與生產線工作的優缺點

這個思考方式也可以應用到各種各樣的業務改善上。

我創業的年代，當時幾乎無人具備網路銷售經驗。

因為一開始沒有人使用網購，所以在網路上賣東西的人就更少了。即使雇用員工也都是沒有相關經驗的人。因此，我思考了**建立僅是無經驗者也能夠拿出成果的組織方式**。

假設有一項工作需要組裝 Ⓐ、Ⓑ、Ⓒ、Ⓓ 4 項零件以完成商品。此時，工作方式有兩種。

其一是如圖表 38 所示的**獨力工作方式**。

每個人都要各自負責 4 項零件的組裝工程，以完成製品。在這種狀況下，每個人的裁量權很大，在工作上的工作意願與責任感都很高。同時，個人的技能也會大幅提升，與現場的活性化有關連。

另一方面，由於這種工作方式需要員工習得高程度的複數技術，在員工教育上需**耗費時間與成本**。即使擅於 Ⓐ、Ⓑ、Ⓒ 三項組合工作，但若不擅長 Ⓓ，則整體工作品質會下降。

另一種，則是如圖表 39 所示的**生產線工作**（belt conveyor）方式。

分析 4 項工程的工作內容，思考各項工作內容是適合熟練者的工作，或

圖表 38 ｜ 獨力工作方式的結構機制

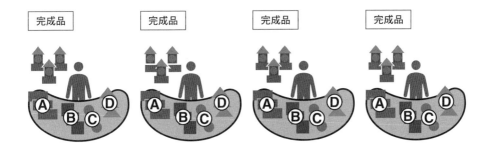

假設這項工作必須要組合Ⓐ、Ⓑ、Ⓒ、Ⓓ 4種零件

【獨力工作】每個人個別擔負全責執行工作

・若一個人無法獨力完成4項工程便無法成為戰力→人員戰力化緩慢

・即使擅於Ⓐ、Ⓑ、Ⓒ 3項組合工作，但若不擅長Ⓓ的組合工作，
則整體品質會下降

圖表 39｜生產線工作方式的結構機制

假設這項工作必須要組合 Ⓐ 、 Ⓑ 、 Ⓒ 、 Ⓓ 4種零件

第1工作流程
只「組裝Ⓐ」

第2工作流程
只「組裝Ⓑ」

第3工作流程
只「組裝Ⓒ」

第4工作流程
只「組裝Ⓓ」

完成品

【生產線工作】按照工程區分負責人，將工作分流

．在4項工程中只要能夠完成其中1項，便能夠成為戰力→人員戰力化快速
．個別工作人員可以專精自己最擅長的組裝工程，整體品質上升

者是新人也能夠上手的工作。

此外，思考各項工程所需的能力與技術。將人員進行適才適所的配置，強化各自所負責的業務執行工作。

此種工作方式的優點在於因各工作人員負責的工作範圍較小，可以**降低耗費員工訓練上的時間與成本**。只要能夠執行 4 項工作流程其中之一即可，所以人員**戰力化快速**。此外，只要專精 1 項工作流程便可錄取，較容易聘用到員工。藉由讓員工專精各自擅長的工作，整體品質也會提升。

而另一方面，由於工作人員都只負責局部的工作流程，長期而言便不會期待員工的技術能提升。另外，此種工作方式容易流於單調的工作內容，因此也有員工容易缺乏工作意願等缺點。

打造以綜合職務員工為中心，與兼職、一般職務員工為主的組織方式不同

獨力工作方式、生產線工作方式的思考方式，能夠運用在形形色色的業務上。

從一開始以綜合職務[1]員工為中心，以及以兼職、一般職務員工為中心的目的或打造組織的方式便是不同的。

以綜合職務員工為中心者，是以公司或員工個人的成長、價值與意義為目的。

公司詳加調查每個人拿手、不擅長領域，決定將哪項工作交由誰來負責。公司重視個人的個性，成員改變則組合方式也會隨之變化。

---

1 日本職務分類方式，綜合職較接近管理職或有可能晉身為管理職的職務。

這種狀況的優點在於，由於每個人能專注在各自拿手的工作上，整體的表現會有所提升。員工本人也樂於工作。

缺點在於工作被細分化，若本人沒留意便會見樹不見林。這樣的公司雖易於培養出專才，卻很難培育出通才。由於員工只做擅長的工作，無法克服不擅長的部分或領域，所以成長幅度依個人不同。

特別是，需要留意新進員工。即使是新進員工，只要具備某個領域突出的能力，就能夠立刻活躍於公司。

但是，關於其他的工作，就必須讓新進員工上相關基礎知識的課程。必須讓他們理解自己製造的商品、自己銷售的商品是如何傳遞到顧客手中，顧客又是怎麼看待這些商品。讓新進員工體驗客服或物流，並思考在整體工作流程中，自己負責哪個部分。

若是以兼職、一般職務員工為中心的組織，則業務並非以目的、而是以工作流程為基礎加以細分。主要分為以下 3 項。

❶ 加入公司 3 天也能夠上手的工作
❷ 若不具備某種程度的理解、便無法辦到的工作
❸ 可以清楚區分擅長、不擅長的工作（行政事務處理能力、文章書寫能力、即興對話能力等）

如此區分之後，組織、規畫業務流程。這樣做的優點在於每項工作都相對簡單，當業務量急速增加時，即使不增加工作人員人數也能夠應對處理。即使團隊成員辭職，也能立刻有人替補。缺點很少。

改善客服部門的 Before & After

我具體分享敝公司的改善實例吧。

我們一路走來，客服部門的業務五花八門。從訂單處理、電話應對、回覆電郵、訂單變更處理、訂單取消處理、健康美容諮詢等。

處理業務所需的技術能力很多，培養公司員工的戰力要花上許多時間是讓人煩惱的源頭。

員工必須培養下述能力，例如電話應對的會話能力、電郵應對的寫作能力、正確執行訂單變更或取消的行政事務處理能力、具備回覆健康諮詢所需的知識等。

若訂單增加，便必須增加應對處理工作人員的人數。

新聘用的人要能熟悉所有工作、到成為真正的戰力前，需要一年半的時間。為此不能讓訂單數量增加，以免發生與螃蟹出貨高峰期類似的情況。

我重新思考了業務流程的組織方式。

客服部門的所有工作，原本就不可能單靠 1 個人來完成。

例如，有人雖然電話應對很拿手，但不擅長電郵應對。相反地，也有員工在電郵中可以寫出易於理解的文章，卻不擅長以電話溝通。每個人都有自己拿手、不擅長的事情。因承辦人員而異，服務的品質也會有落差。若把所有工作都交給 1 個人，便會產生許多疏漏。

如下所示，我因此將客服部門的工作依據工作基準加以分類，將具備個業務所需能力的人員配置到各個工作項目下（圖表 40）。

圖表 40 | 客服服務應對的 Before & After

Before

客服部門員工

訂單 ————————▶ 訂單處理

—

電郵提問、健康諮詢 ————▶ 電話應對

業務所需的技術很多，所以到成為戰力前要耗費相當多的時間（1年半）。要能夠應付超越容納量的業務要到1年半之後。如此一來員工的能力無法提升

—

回覆電郵

電話提問、健康諮詢 ————▶

訂單變更處理

因每位員工各自有拿手、不擅長的事情，因承辦人而異，服務品質有落差

訂閱制取消委託 ————▶

訂單取消處理

—

送貨日變更委託 ————▶

同時處理所有的業務，所以頻傳發生錯誤

健康美容諮詢

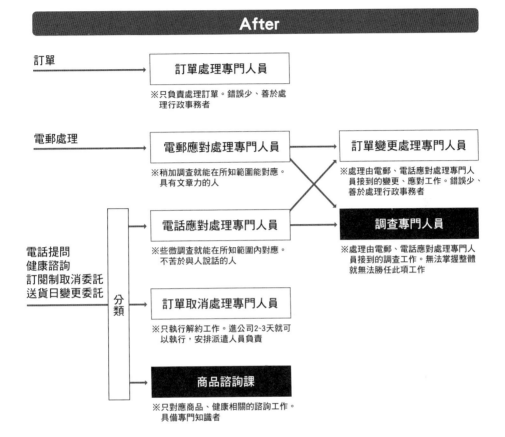

【結果】
・「商品諮詢課」、「調查專門人員」之外的員工都是不需高度知識、技能、經驗就能立即成為戰力，因此能簡單補充對應（進公司1週後就可戰力化）。補充「調查專門人員」時，即便經驗從零開始培養，若是從其他部門調動具經驗者，戰力化過程也會更快
・「商品諮詢課」的服務品質能明顯提升
・全體員工皆強化拿手項目，讓相同業務可以在短時間內由少數人經手處理

【Before】

客服部門員工……訂單處理、電話應對、回覆電郵、訂單變更處理、訂單取消處理、健康美容諮詢等

↓

【After】

訂單處理專門人員……只負責處理訂單。配置錯誤率低、擅長處理行政事務者

電郵應對處理專門人員……負責回應只要稍微調查就能知道答案程度的提問電郵。在應徵考試上，確認文章寫作能力，分配具備文章書寫能力的人員。另一方面，不要求口語表達能力

電話應對處理專門人員……負責回應只要些微調查就能知道答案程度的提問電話。安排不苦於與人談話溝通者

訂單取消處理專門人員……只負責處理取消訂單。安置不擅於與人談話溝通者。進入公司 2～3 天者就能處理本項業務，由派遣員工執行

商品諮詢課……只負責與商品、健康相關的諮詢業務。部署營養師等具備專門知識的員工

訂單變更處理專門人員……處理由電郵、電話應對處理專門人員收到的訂單變更相關事宜。調配錯誤率低、擅長處理行政事務者

調查專門人員……處理由電郵、電話應對處理專門人員收到的案件調查相關事宜。若無法掌握全貌便無法勝任

無經驗進公司，1 週後立刻有即戰力的方法

試著分類下來會發現，商品諮詢課與調查專門人員需要高度知識、技術

與經驗。

除此之外的業務項目，**即使是無經驗者，進入公司一週內也能迅速產生戰力**。補上人力也簡單。

補充調查專門人員人力時，即使經驗從零開始培養，若是從其他部門調動具經驗者，戰力化過程也會更快。

藉此，**商品諮詢課的服務品質也顯著提升**。

從前的客戶服務因承辦人不同，大家掌握商品或健康相關知識的程度參差不齊。由誰處理會影響服務品質，中間有落差。

因此，我們聘用**營養師等專業人士**，提升顧客滿意度。**全體員工皆強化專攻拿手項目，讓相同業務可以在短時間內由少數人經手處理**。

其他部門也可以進行以工作分類為基準的組織再造。

系統部門的人「寫得出程式，但在測試上疏漏很多」。

因此，我們讓既有團隊成員專心寫程式，另外雇用無法寫程式、但擅長測試的員工，成立了「測試課」。

廣告部門的職業種類可分為：廣告製作、橫幅廣告（banner）製作、網頁製作等。

在廣告製作上，我們需要能寫出構思文案等吸引目光的詞彙，而在網頁製作上，則需求具備可以寫出說服眾人文章寫作能力的人才。

甚至在網頁製作部門，有些員工「雖然擅長構思吸引目光的文案或文章，但不擅長設計」，而部分員工「能製作出漂亮的設計、卻不擅長文字」，所以可以區分為「文字發想（writing direction）團隊」與「設計團隊」。

重要的是，**並非以目的，而是以工作流程為基準來進行組織規畫。以目的基準成立的僅有管理階層**。

優秀人才到職、讓公司茁壯的正向循環

我從創業至今，經常在思考**適當的人數與業務量**。

所謂的適當人數，指的是合乎業務量且有利可圖的適切人數。

創業初期，因銷貨收入與利益都很低，所以是 6 人小公司（圖表 41）。

職種區分為①製作、②客服、③商品開發、④系統、⑤財務行政、⑥集客行銷，每種職種由 1 人負責。

但實際上，即使光看客服，就又可以區分為①提問電郵應對處理、②提問電話應對處理、③模版（template）製作等 10 個種類左右的業務。若每項職種都各有 10 種業務的話，那麼合計要處理的業務數量甚至高達 60 種。

在每個職種工作、由 1 人負擔的階段，對每個人的能力要求都是 10。有 10 種類的工作要做，希望每個人可以十項全能。即使總業務量很少，但希望員工具備可以完成 10 種工作的通才能力。

不過，企業規模小、前景不穩定、待遇又差，通才是不會來應徵的。

若應對處理的業務數量為 60，則要讓工作順暢進行的適當人數是 60人，就必須要將員工人數增加到 60 人（圖表 42）。

各業務的承辦人為 1 人的狀態。若 1 人可以完成 1 種類的工作就沒問題。如此，公司對每個員工所要求的能力就可以降到一半以下。

另一方面，若公司規模成長，就變得能夠聘雇到優秀人才，日常業務可以順利運作。因此，必須要以「即使雇用 60 個人也依然有利可圖」的狀態為目標。

更進一步，若組織更為擴大，公司員工人數變成 180 人又將如何？（圖表 43）

應對業務數仍然相同是 60，所以每項業務可由 3 人來執行。

圖表 41 │ 創業初期 6 人小公司的狀況

適當人數	對應業務數量
6	60

※適當人數……合乎業務數量且有利可圖的恰當人數

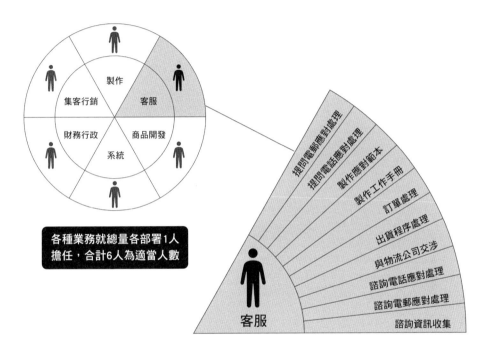

各種業務就總量各部署1人
擔任，合計6人為適當人數

	要求能力	應徵者程度	過／不足
數值化	10	1	−9
備　註	總業務量即使少，但要求能完成10種類左右工作的通才能力	企業規模小且不穩定、待遇也不佳，優秀人才極少前來應徵	只能達到期待值的10分之1

圖表 42 | 員工 60 人的狀況

適當人數	對應業務數量
60	60

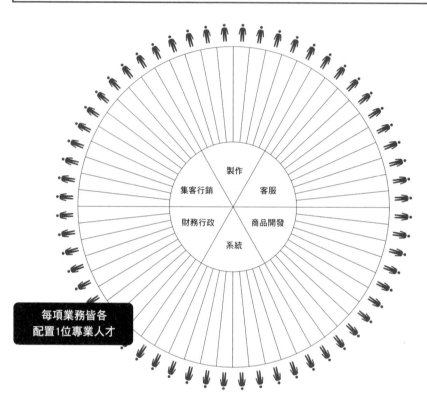

每項業務皆各
配置1位專業人才

製作
集客行銷　客服
財務行政　商品開發
系統

	要求能力	應徵者程度	過／不足
數值化	10 → 5	1 → 5	−9 → 0
備 註	1個人只要專精1種類的工作，對個人能力的要求變得非常簡單	若企業規模成長，應徵者的程度也會相對提升	日常業務可以毫無問題順利運作的狀態

圖表 43 | 員工 180 人的狀況

適當人數	對應業務數量
180	60

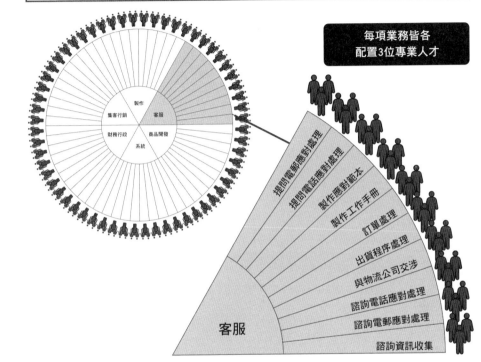

每項業務皆各
配置3位專業人才

客服
提問電郵應對處理
提問電話應對處理
製作應對範本
製作工作手冊
訂單處理
出貨程序處理
與物流公司交涉
諮詢電話應對處理
諮詢電郵應對處理
諮詢資訊收集

製作　客服
集客行銷
財務行政　商品開發
系統

	要求能力	應徵者程度	過/不足
數值化	10 ➡ 5 ➡ 1	1 ➡ 5 ➡ 10	−9 ➡ 0 ➡ 9
備　註	每項業務都有3人執行、互相協助	・企業規模成長，應徵者的程度將更上層樓 ・每項業務有3人，所以會產生切磋砥礪的加乘效果	產生剩餘能力，成為更進一步成長的原動力

由於 1 項業務由 3 人執行，大家可以相互照應、合作。企業規模一旦變大，應徵者的程度也會更上層樓。一項業務因為都有 3 人負責，所以彼此之間的切磋砥礪，可以發揮加乘效果。這能夠產生剩餘能力，變為更進一步成長的原動力。

順著這個邏輯思考下來，便可得知打造組織的步驟順序。

首先，要建立**對員工要求能力降低的結構機制**。若要求能力維持在高水位，那麼員工將不堪負荷而無法長久留在組織內。為了下調要求能力，伴隨著公司的標準化與手冊化，以 1 項業務由 1 人負擔為目標，這是讓公司規模可以成長的不二法門。這是最需要努力的地方。

從 6 人到 60 人的階段只能靠努力。當公司規模變大，便能吸引到優秀人才加入，整體組織就可讓業務順利運作。組織力逐漸增強，又能更進一步仰賴優秀人才的力量，成長為更大的公司。

並非優秀人才加入，公司就會自動變大。而是**要讓公司壯大到能夠吸引優秀人才加入**。

改善的第一步是以鳥眼俯瞰公司業務

若你計畫改善業務，有必要以鳥眼俯瞰業務整體流程。

客觀的視角很容易理解，因此請他人來確認也是個好選項。

過去，敝公司的資深員工因為種種原因而離職，他的業務該如何交接成了問題。

這位員工身上集結了大家認為「缺乏經驗就無法判斷」的工作，同事似乎覺得要讓經驗尚淺的員工來接手業務可能有點困難。

沒辦法，結果只好暫時由我來接手。我聽了對方說的業務內容，注意到雖說他是基於經驗、按照不同情況來判斷，但實際上這些工作內容幾乎都可以加以模式化。

因此，我們盤點這名員工所有工作並寫成工作手冊，他的工作後來**連打工人員都可以完成**。過往由於未將相關工作寫成工作手冊，大家認為這種工作需要資深員工累積的經驗值來判斷；若製作了工作手冊，卻發現其實是誰都可以完成的工作。資深員工好不容易累積下來的豐富經驗，因為沒寫成工作手冊而白白浪費，我實在深感抱歉。

就像這樣，原本被認為只有資深員工才能完成的業務，若有客觀、再次檢視的機會，有可能**在製造工作手冊後，就轉變為任誰都能完成的工作**。

若關注五階段利益管理的 ABC 利益率，數字便會為我們發出警訊，提示「這裡可能有問題吧」。

若以商品別管理利益，可能會發現雖然銷貨收入高且沒有花費太多行銷費用，卻因 ABC 高而未產出利益的狀況。這代表該商品耗費過多內部員工的資源，因此必須針對此部分進行業務改善。

不是改變部屬，而是改變業務

當業務流程進展不順利時，管理者很容易認為這是負責員工的能力有問題。

但實際若以「此種工作方式好嗎」來思考，會更快找出解決之道。

我向新人主管提到「**能夠改變自己，卻無法改變他人**」。

若當上主管，便會將工作分配給部屬。舉例來說，人資主管要讓部屬接手其工作。

當部屬總是無法順利完成工作時，主管覺得「不管經過多久，部屬都做不到」、「部屬沒有改變」而感到沮喪。

碰到這種狀況，我是這麼說的。

「你雖然成長了，但不是因為被我改變而成長的吧？你一定認為是靠自己才成長的吧？」

人只能靠自己的意志改變。

人的劇烈改變最多也就 10 年 1 次，平常大概 20 年才有 1 次吧。

這樣的變化在今年發生的機率是 1/10，還是 1/20。**若把工作賭在這1/10 的機率上也未免太奇怪了。**

我們應該**要以「人不會變」為前提，來思考工作的組織規畫。**

若無法由 1 人來負擔全部的工作，就要讓那個人**只負責拿手的工作來規畫工作流程。**

並非部屬發生改變，而是主管要具備將工作組織化的能力。

人員聘用業務中，實際工作項目可分為：「與求才媒體公司洽商」「製作能夠吸引應徵者的徵才廣告」「分別進行大量應徵者的說明會與面試」「透過面試確認、判斷人的資質與能力」等，工作各自所需的能力是不同的。

我們不是將全部項目交給 1 位部屬，而是分成 4 項業務，各自分配給適合的人。

主管要經常以俯看的視角來掌握業務，具備再建構業務流程組織方式的能力。

2 辨別優秀人才的方法

「不用說話的服務業」徵才廣告的意外反應

我開始以工作流程為基準來分類業務是在 2010 年左右。

如前述,當時我苦於需要花費相當時間才能讓客服業務員工獨當一面。

我觀察每位員工的工作狀況,發現有員工雖然善於應對電話,但寫電郵卻不拿手。

跟顧客透過電話聯繫時可以侃侃而談、對答如流,但要整理出應該傳達的事項、寫成電郵卻很花時間。

另一方面,有些同仁明明可以寫出容易理解的電郵,但一講電話就緊張,若碰到意料之外的提問會不知所云。

因此,我們將客服業務加以分類,募集具備必要能力的人才。

從事電郵應對處理的員工,則試著改以「**不用說話的服務業**」的文案來進行招募。

「**不需和顧客直接見面也沒關係,也不用接電話的顧客接待應對員工**」的徵才廣告收到超乎想像的應徵回應,我們因此能夠聘用到優秀的人才。

由於我們需要會整理資訊並組織成能傳達給顧客的人才,所以在聘用測驗中出了「**發生了這樣的客訴,請針對此一問題,寫出道歉電郵**」的試題。因此,聘用到的人才寫出的電郵文章非常通達、出色,對方厲害的程度是現在連綜合職務員工寫的文章也由他校稿、確認。

由於商品諮詢課的主要工作是健康與美容方面的諮詢,所以我們聘用了具備營養師、美容顧問等資格的人才。

訂單處理的專門員工、訂單變更和應對專門員工等，則是要求他們具備行政事務處理的正確性。我們規畫獨創的應對疏漏確認測驗，聘用測驗成績優秀者為員工。

例如，找出在左右並列、英文字母與數字隨機排列文字列的差異等試題。藉此測試受試者的注意力與集中力。

錄取「IQ130」人才的方法

隨著工作數位化，人才聘用的重要性更勝以往。

我覺得在數位世界奮鬥的人，是不會想要到依然故我的「大企業」去上班的。

他們謀求自身可以活躍的舞台，會到像敝公司這樣的企業來。

因此，我想要回應這樣的期待。

在敝公司，有專門負責廣告運用的職位。解讀各廣告媒體各自的 AI 演算法，以「北方達人流」來推行廣告運用的最適化方案，可以說是「**向 AI 下指令的人**」。若能夠理解 AI 的演算法並活用廣告科技，便能因此針對目標族群以商品關鍵重點來進行精準行銷，將無益廣告投放上的浪費減到最低。

而適合這個職位的，是在演算法（為了執行計算或解決問題的一定順序）上有優異表現的人。

在理解廣告投放演算法的同時，進行相應於演算的調整。

在聘用擅於演算法分析的人才時，我所關注的是在並排數字或圖形中找出規則性的 IQ（智力）測驗。

我認為這與從資料中找出規則並進行調整的工作很相似，因此讓公司內負責廣告運用的員工進行智力測驗，他們 IQ 的平均值是 134。

要如何才能夠聘用到這種程度的人才呢？

一般而言，據說當人的 IQ 值相差 20 以上，相互對話就搭不上。

IQ130 的人與一般人無法對話。恐怕至今為止，他們一直都覺得很難過日子吧。

我因此放膽試著用「**這裡有 IQ130 的夥伴喔**」來打出徵才廣告。

如此一來，優秀的人才便彙集而來。我們進行 IQ 智力測驗、面試後聘用他們。

就像這樣，我在考慮各職種需要何種能力之後，會思考如何聘用具有相對能力人才的方法。各式聘用測驗中有的由敝公司自己開發，也有的是活用外部測驗。

與倉庫打工人員的對話，讓我理解對工作抱持的價值觀是多元的

其實，在開始特產的網路銷售業務前，我曾立志以其他事業內容創業。

但是，進展得不順利，錢包很快就只剩下 50 日圓了。

這樣沒辦法養活自己。總之不工作不行，但我又想保有腦力思考創業，於是選擇了倉庫的打工工作。

那是一間服飾業公司的倉庫。

他們每半年 1 次大量入庫，按照業務人員的指示，進行捆包、發送到百貨公司等地，若有退貨便處理。我白天打工，晚上進行網路銷售的準備。

打工的夥伴全都是好人。但是，與我工作抱持不同價值觀的人很多。

我當時認為「自己對於工作所抱持的價值觀很普通」，類似「畢業於稍微好一點的大學，進入瑞可利這樣的大企業。我想生活在中上程度的世界。」

但是，他們讓我注意到自己的感覺並不一般。

我在打工的地方，認識了 1 位 25 歲、但 1 次都沒有當過正職員工的人。他高中畢業時沒決定出路，畢業後想著「今後該怎麼辦」。我問：「你沒有找固定工作嗎？」他回：「我將來是這麼打算的。」我內心裡想的是：「25 歲，已經不是什麼『將來』了吧。」

還有頭腦很靈活的 19 歲女性。

我們打工的倉庫位於離大阪中心區域有段距離，所以我問她：「妳明明有可以在大阪市中心工作的能力，為什麼要在這裡工作？去梅田的話，就有薪水更高的工作喔！」她答：「但是，那樣就不能騎腳踏車上班了啊。」我非常吃驚，而且她還繼續說道：「木下先生是神戶人吧，為什麼要去大阪上大學？我搞不清楚去那麼遠上大學，有什麼意義。」

這位女性認為在自己住家附近活動才普通。

我感覺到自己至今都活在狹隘的價值觀中。

雖然每個人的價值觀不同，但是大家都是好人，也感覺很幸福。

工作方式各自不同也無妨。能夠讓自己實際感受到幸福就是最好的工作方式。

比起「薪水增加 12,000 日圓」，對「午餐免費」更有共鳴的人

這個經驗也被我活用在現在的人才聘用上。

招募綜合職務、業務職務、打工人員的時候，我們會製作合乎各自價值觀的徵才廣告。

一般而言，製作徵才廣告的人大多身居綜合職務。由於他們從自身的價

值觀出發、製作廣告，所以會寫出「能有職涯發展」的文案。

但是，很多打工人員根本不期待職涯發展，這樣的文案不吸睛。

通常，在募集綜合職務時，也不會寫上「附帶保險」這樣的文案。因為擔任綜合職務，附帶保險是理所當然的。但在徵募兼職、打工人員時，「附帶保險」可以成為賣點。即使是兼職、打工人員的短時間工作，只要滿足法律條件也能加入社會保險，但實際未加入保險的人很多。

公司會因綜合職務、業務職務或兼職、打工等職種不同，而有不同的要求。因此在製作徵才廣告的時候，公司**提供的福利欄位會隨職種而有差異**。

例如，在徵募綜合職務之際，會突顯「**由老闆直接授課的研修制度**」。如此一來，對於「只憑一代就打造出東證一部上市公司的敝公司社長親自擔**任講師，為了培育出一流商業人士的『一流塾』**」的文案抱持興趣的人、想要直接跟我學習最新網路行銷的人就會來應徵。

在徵募打工人員時，則突顯「**工作地點離車站很近**」「**午餐免費**」「**附帶保險**」「**無加班**」等勞動條件。特別是「午餐免費」在札幌蔚為話題。

在東京都內提供午餐免費的公司雖然增加了，但是在地方上仍然很少。若員工對認識的人提到公司名稱，據說對方會表示「就是那間午餐免費的公司吧」。

在新冠肺炎流行前，我們公司提供自助餐午餐，但在疫情當下則改為提供便當。主菜有薑汁燒肉或漢堡排等肉類料理、烤魚或奶油煎魚等魚類料理，搭配青菜等配菜，所以可以攝取均衡的營養。

因此，午餐「可以免費吃到好吃又熱騰騰的飯菜」而廣受好評。

午餐的原價大概每份 600 日圓左右，每月有 20 個上班日，所以每個月的成本大概是 1 萬 2,000 日圓。比起薪水多 1 萬 2,000 日圓，也有人對於「午餐免費」更有共鳴。

3 員工與公司共有、共享理念

「Good & New」的什麼產生了效果？

創業之後隨即不久，我們便在朝會導入了「Good & New」和「信條」（credo）兩項制度。

當時員工包括我與打工人員 3 人，合計 4 人。

「Good & New」是將 24 小時內發生的「好事」（Good）或「新發現」（New），每人用 1 分鐘發表、跟所有人共有分享、一起拍手的互動方式。

這是為活化組織或團隊、破冰等目的，由美國的教育學者彼得・克雷恩（Peter Kline）所開發出來的。

我們導入這個互動當然是有理由的。

因為每天早上 4 個人雖然開會，但很容易形成我與 A、我與 B 及我與 C 此種「老闆與各打工人員」的一對一關係。每個人對自己接收到的業務指示雖然會確實完成，但針對公司整體所下的指示卻漠不關心，對於給自己以外的人的指示充耳不聞是問題所在。

舉例來說，即使提到「今天有這樣的訂單會進來，要注意喔」，也會回答「沒聽說過」。

「不對，我是在你面前說的喔。A 聽到了吧。」

「是，聽到了。」

「因為我以為跟自己沒關係，所以沒在聽。」

這樣的職場風景是家常便飯。

「Good & New」的進行順序如下。

1　分成 3～5 人的團體

2　某個人拿著如球之類可以手持的道具

3　拿著球的人發言

4　分享結束後，除了說話者以外，大家拍手

5　將球傳給還沒發言的人

6　重複以上流程直到所有人都發完言

7　最後的人說「今天也麻煩大家了」，結束活動

開始「Good & New」之後，大概 3 天左右公司內的氣氛就改變了。

至今為止每個人對同事們都漠不關心，但**藉由「Good & New」分享資訊之後，大家開始把彼此當成夥伴**。至今雖然大家只做我所指示的工作，但打工夥伴之間開始對話了。

「A，這個商品怎麼處理？」「這個是中午要交貨喔！」像這樣提問與確認變順利了，職場氣氛變得截然不同。

我發現公司應該預備讓員工相互溝通的機制。

「Good & New」也有建立「**在平淡無奇的日子裡、發現事物美好一面習慣**」的目的。

敝公司雖**以共享 24 小時內有趣的事情為話題比賽**的形式來進行，但員工之間的連結也增強了。

即使是現在，我們朝會時，全體員工也會分成 6、7 個人的小組來進行「Good & New」。在朝會的時候用計時器，每個人發言 1 分鐘，結束之後大

家拍手。

最近，在許多職場人員流動頻繁。有時會跟不太認識、第一次見面的人立刻被分在同一組工作。即使在這樣的場合，試著進行「Good & New」，也能夠讓彼此的溝通變得更為容易。

培育人才，每天早上 30 分鐘的「信條」習慣

與「Good & New」同時期，我們也導入了「信條」時間。

信條指的是「將企業活動引以為據的價值觀和行動規範、簡潔表達出來的詞語」。

這種做法是由美國的大型企業嬌生公司（Johnson & Johnson）所發想，並在世界上廣為流傳。

在敝公司，將「北方達人應該珍惜的價值觀」彙整為信條。

全公司共通項目有 18 項，部門別的項目則各有 2～5 個。每天早上都會由各部門一一念出各項目，並讓每個人針對每個項目分享、說明自己的意見或曾發生過的相關小故事。

具代表性的項目如下：

「每一件由顧客而來的訂單，在我們的眼中看來即使只是數千件中的一件，但是對那位顧客而言，卻是在煩惱多日之後，伴隨著莫大期待與許多深刻想法所下的訂單。因此，我們要創造這一次訂單為客戶帶來最棒的享受，要讓顧客感覺到『我真慶幸下了訂單』，所以絕對不能掉以輕心，不論何時都要以一期一會的精神與最佳服務來接待顧客。」

我創業、第一次接到訂單時，想著「對方到底是如何看到我們的網站，又認為付錢買我們家商品是沒問題的呢」。我真的對客戶的惠顧心懷感謝。

但是，隨著每一天的訂單數量增加，這樣的心情便日漸淡薄。

當我收到客訴時，想著「在 1000 位顧客之中，只有 1 個客訴。比率只有 0.1%，所以沒問題」。不過這真是**大錯特錯**。

從公司這方看來雖然是 0.1%，但是從那位顧客看來是 100 %。

若對所寄達的商品有所不滿便是 100 %的不滿。

特別是網路銷售不會直接與顧客面對面，很容易忘記這一點。

人在同一時間聽到相同內容 6 次就會理解

為了確認大家能重視與每位顧客的關係，所以有上述的信條。

信條對於讓經營理念往下扎根、滲透到組織內部是非常有效的。

我在瑞可利負責企業研修的業務時，經常聽到經營者抱持著「難以向員工傳達經營理念」的煩惱。

就算員工讀了已經文字化的經營理念也摸不著頭緒。在形諸文字之前，思考並彙整何種經營理念為佳的過程有其意義。

正因為如此，要由**全體員工**再度打造公司的理念。如此一來，參與這個過程的人便會認同這些理念。但是，其後進入公司的員工則果不其然又會認為這些理念事不關己。

為了讓理念滲進組織內部，我在尋找是否有好方法時，發現了信條。

據說**人在同一時間聽到相同內容 6 次就會理解**。因為敝公司的信條有 20 個項目，一個月（20 個工作天）就可以把信條的所有項目走過一輪。若重複 6 個月，就能聽到同樣的內容 6 次，把信條都記下來了。

把每天早上珍貴的 30 分鐘，花在信條與「Good & New」上。雖然此事非常耗費人事成本，但我確實感受到相應此成本的效果。

4 讓組織整體萌生成本意識的 「削減成本運動」

1 個月削減 150 萬日圓，1 年削減 1,800 萬日圓成本的祕密策略

為了提升利益，比起提升銷貨收入，削減成本可以更快達到成果。

雖然我認為敝公司原本就屬成本意識高，但在公司開始某件事情之後，大家的成本意識又一口氣提升了。那就是「削減成本運動」。

每年 1 次會集合管理階層（裁決者）7、8 人組成「削減成本委員會」，討論**沒有禁區**的削減成本活動。

若以五階段利益管理的經費項目來說，便是**銷貨成本、訂單連動費用、行銷費用、ABC 費用與營業費用**這五項全部都是可以檢討的對象。

敝公司是以銷貨收入 100 億日圓，產出利益 29 億日圓。換言之，付出了 71 億日圓。

每年付出 71 億日圓、花了各種的費用成本。因此每年 1 次，我們會檢討每筆支出。由管理階層檢視支出帳本，列出可能刪減的經費。

例如，在物流部門，每月大約要出貨 15 萬件。

在捆包每 1 件貨品時，會將交貨清單、訂閱制說明書、商品說明書等各種資料一起包裝進去。每份 10 日圓的同箱印刷物若有兩種，假使可以合併印刷為 1 份，每件訂單就可以削減 10 日圓的**訂單連動費用**。此時就會事先討論「合併印刷是否有問題」。

我們的目的並非蠻橫地削減成本，而是**去思考經費成本是否連動到產出利益**才是重要的。以林林總總的角度模擬並徹底討論裝入 1 份 10 日圓的價值，因此得到下面的結論：

「合併印刷不知是否有問題，不實際做做看是不會知道的。」

「把這兩份合併印刷為 1 份，試 1 年若有問題就回到原本的模式。」

我們因此**每個月削減了約 150 萬日圓、1 年則降低了 1,800 萬日圓左右的成本**。

此外，我們也發生過為了削減 5 日圓成本，而將訂單相關的說明書與傳真訂購單合併印刷的情況。

調查之下發現，傳真訂單數量近年已趨近於零。但是，若完全不接受傳真訂單的話又會造成機會損失，所以我們在**訂單說明書的背面**印上了傳真訂購單。光是減少 5 日圓的印刷費，1 年就可以削減 900 萬日圓的成本。

1 年後再驗證是否發生任何問題，但至今沒有採取任何回到原本模式的策略。

檢驗假說「接待室的花代表 2 萬日圓赤字」

我們也曾討論公司接待室裡的花。

公司每個月在花上付了 1 萬日圓。大家思考：「為什麼要放花？」「因為花會讓人心情愉快吧。」「誰的心情、會以何種方式為公司帶來好處？」如此一來，便產生了「因為在應徵面試時，會使用接待室，也許接到錄取通知的人回覆會來上班的比率會變高」的假說。

「大家認為會提升多少百分比？」

「假定可以提升 1%，那年度徵才聘雇經費是多少金額？」

「年度徵才聘雇經費是 1,000 萬日圓。如果能夠提升接受錄取的比率 1%，則可效率化為相當 10 萬日圓的費用」

「這花雖然可以提供 1 年 10 萬日圓的價值，但成本是每月 1 萬日圓、1 年 12 萬日圓。也就是說，出現 2 萬日圓的虧損」

「那麼，這個花還有其他的功能嗎？」

大家繼續往下發掘。雖然沒有完全找到答案，但卻**養成設定 1 個個假說、檢驗投資效果的習慣**。

不加思考、不明就裡按表操課是最糟糕的。

降低成本 1 億日圓的方法

我們再試著將削減的成本經費項目，對應到五階段利益管理所呈現的五項經費分類中，加以思考。

前述的同箱印刷物例子是**減少訂單連動費用**，花則是**降低營業費用**。

我以以下例子說明**同時削減 ABC 費用與營業費用**。

敝公司每週 1 次，安排員工自主打掃的時間。

最初我們拿抹布來打掃。以抹布擦拭員工自己位子周邊、共用空間。這件事被放進了「削減成本委員會」的討論事項。

「若以抹布來打掃，清掃後花在洗抹布上的時間，以及晾乾抹布場所的租金是否都是浪費？如果用一次性用過即丟的打掃用紙巾是否可以削減成本？」

我們因此針對兩者進行比較。

若使用抹布，則打掃後洗抹布的時間會耗費人事費用。這些時間應該可以花在對利益有貢獻的其他工作上吧。

　　而晾乾洗過抹布的空間要花費租金。按照這個空間面積算出占公司辦公空間、晾乾抹布的時間占每月使用時間的比率，可以得出成本。如果不需要晾乾抹布，也許這些時間、空間對於產出利益有更有貢獻的使用方式。

　　打掃用紙巾則以每人每次使用多少張、1 個月使用多少張的方式來計算出成本。

　　結果，大家得知後者比較便宜，因此由紙巾取代抹布。

　　其他還有如調整進貨商，而得以削減銷貨成本的例子。

　　所以，我們定期執行成本削減運動。

　　公司規模小的時候，就開始往來的進貨商，因為進貨量少所以單價高的情況很多。若按照這樣的單價，進貨量增加，則支付的金額相當可觀。因此我們藉由重新取得報價，或者是調整進貨廠商，曾**削減了 1 億日圓左右銷貨成本**。

　　此外，**付款手續費是舉足輕重的訂單連動費用**。

　　相對於 1 年 100 億日圓的銷貨收入，其實付款手續費非常可觀。

　　假設手續費比率是 2～3%，那麼 1 年就要支付 2～3 億的信用卡手續費。我們針對此協商，**即使只減少 0.1%，都可以削減 1,000 萬日圓的訂單連動費用**。

　　像這樣，敝公司考慮各式各樣的成本削減策略，**產出 1 年可以削減 1～3 億日圓的點子**。

「削減成本運動」的真正目的

　　只要經歷過削減成本運動，員工的成本意識便會更形提高。

　　無益的發包訂購將會減少到極限。

　　裁決者在審閱花費新成本的核准申請時，立刻就會浮現「若在這個項目上使用經費，可能會在今年削減成本活動上成為議題」。

　　同時，因為每年都會經歷到種類繁多的削減成本手法，所以每每審查時，便能夠以削減成本運動的規格來判斷，例如：

　　「這個方案，如果這樣做是否可以不用花經費便可達成？」

　　「此策略與那個策略如果同時進行，能不能減少一半的經費？」

　　「如何思考這個策略的成本效益比（性價比）？」

　　而認真參與過 1 次削減成本運動的管理階層，也會變得能做出適當的裁決。透過這樣的態度可將成本意識傳達到所有部門。

　　如此一來，便能夠打造出徹底不會浪費金錢的組織。

　　這些話我經常在與經營者友人交換資訊或演講中提到。而且，許多經營者也會向我回報，他們在自家公司施行相同的策略也得到莫大的效果。

　　希望各位讀者務必現在立刻嘗試舉行此種「削減成本運動」。

Chapter **8**

實現銷貨收入 1,000 億日圓、利益 300 億日圓的戰略

1 徹底消弭浪費的數位行銷戰略

「數值化」與「聚焦」

在本書至今為止的內容中，我想已經傳達了敝公司是如何同時排除「浪費」，一邊進行營運管理。

這是因為「數位行銷」在某種意義上，是容易將幾乎全部的現象都加以「數值化」的業種，所以操作起來相對容易。

我**身兼老闆與行銷負責人二職**，執行與經營直接連動的行銷工作，一切行銷數字連動到所有的經營數字。

若檢視「數字」，「浪費」便會現形。為了排除這些「浪費」，我們區隔化目標族群，並針對其進行集中的精準行銷活動。

在本書最後 1 章，我想要跟各位讀者分享，在數位行銷領域中，敝公司如何排除浪費，同時推動公司業務。

網路行銷業務內製化的 4 個優點

所謂行銷是顧客或社會與企業結合的部分。

企業因顧客存在才得以成立。行銷成為企業主幹理所當然。

從在網路上販賣北海道特產的時代開始，敝公司一路以來都是自行處理電商與廣告業務，獨力累積資料與演算法解析的經驗。

為了優先進行商品開發，曾在某個時期將網路集客行銷交給廣告代理商執行，但這樣一來就難以訴求「與其他公司製品的相異之處」。

因此，我們又再度將網路集客行銷內製化（in-house）。換言之，宣傳自家公司商品和服務的廣告運用、廣告檔期／版面的購買與報告、創意發想製作等全都由自家公司來執行。

一般來說，內製化的優點有以下 4 項。

❶ 活用公司內部累積的資訊，能夠以深度觀點來實施行銷策略

由於能夠將只有公司內部才能掌握的深度資訊，活用在行銷上，例如商品知識、對使用者的理解等，所以能以比廣告代理商更深的觀點來實行行銷策略。

❷ 加快工作的進展速度

將工作外包給廣告代理商，必須要等對方提供實施策略的反應回饋報告，造成時間上的損失。廣告代理商通常會由 1 個員工負責複數的客戶，因此行動較為緩慢。若是內製化，在公司內部就能完成所有項目，所以決策的速度會加快。在敝公司是以日為單位掌握廣告的效果，並進行調整。

❸ 能夠積累廣告運用的 know-how

將工作外包給廣告代理商，評估思考策略並執行的是代理店，自家公司僅能看到代理店提供廣告運用結果的報告。相對於此，若由自家公司自行運用，就能夠思考在廣告運用上所有的必要因素，例如廣告投放的特定客群區隔、投標單價等，並將結果積存在公司內部。

❹ 能夠削減外包給廣告代理商時所產生的手續費

能夠削減廣告投放金額約 20～30%左右。

在進行以 AI 為核心的數位行銷戰略時，活用內製化的優點具有非常重大的意義。我將在之後章節敘述（第 237 頁）。

接下來，一般而言內製化據稱有以下三項缺點。

❶ 與廣告媒體的洽商業務非常繁瑣

❷ 必須要確保能聘用相關人才

❸ 要取得與行銷策略相關的新資訊變得困難

因為內製化有優點也有缺點，也有人會建議採雙軌並進，既持續內製化，也將部分業務外包執行；但如同前述，敝公司的做法是長年將網站、行銷與創意發想的技術與經驗累積在公司內部。

因為有許多身懷絕技的員工在公司，能夠在短時間內提升新進員工夥伴的能力到相同水準。

敝公司的特色在於，我們具有能綜合分析壓倒性的龐大資料量與其背後代表的媒體思想（演算法）與使用者狀況的能力。

敝公司的資料科學行銷人員會檢驗一般的行動心理學與實際使用者行動產生的相異事實，或者檢視在深度觀察之後建立的假設，同時找出共通項目或規律性，將 know-how 加以系統化。

我們因此能夠細部分析如顧客特性等資料，可以得知何時、在何種網路媒體上投放廣告，更易於連結購買行為。如同至今為止我所說明的，**商品開發與有效果的廣告宣傳是維持敝公司經營的兩輪，我們因此得以實現高收益的目標**。

活用 AI 的數位商品行銷

現在的廣告科技與如何活用 AI 息息相關。

敝公司活用 AI 的數位商品行銷（digital product marketing）的流程大致如下。

❶ 設定從利益回推出來的「上限 CPO」

如同前述，敝公司是從利益回推思考銷貨收入的。並且，設定從利益逆算出來的「上限 CPO」。

❷ 確定數位商品行銷方案

從利益回推，執行數位商品行銷（自行製造商品的企業，實行宣傳計畫與行銷促銷策略）。

數位商品行銷的關鍵在於「**差異化戰略**」。

AI 一開始並不具備差異化概念。屬於相同類別的自家公司商品 A 與競爭商品 B，若未確實進行差異化便投放廣告，就會對同樣的一群人打出相同的廣告，這幾乎沒有效果。

有個稱為「導航系統的塞車理論」，它指出若每個人都使用相同的導航系統，便會出現交通阻塞的狀況。

Google 或 Facebook 等平台就如全世界都在使用相同的導航系統般，如果不確實做好差異化戰略，等同於在跟全世界競爭。

❸ 提供訓練資料

AI 可辨認圖像。這是從圖像中掌握特徵、識別對象物模式的辨認技術之一。人類若看到圖像，也能從經驗中推測圖像的內容。

但是，電腦最初是沒有記憶或經驗的。突然讓電腦看 1 張蘋果的圖像，電腦也辨別不出蘋果。

在圖像辨識上，要先給予電腦資料庫大量的圖像，讓電腦自動學習對象物的特徵。電腦從圖像資料中學習蘋果的特徵，若再給予具有相同特徵的圖像，那麼電腦便能夠推測出蘋果。

電腦針對形成圖像的像素（pixel）進行演算，透過計算出特徵量的數學方法讓此種學習成為可能。

這個領域隨著 AI 深度學習技術的提升而急速發展。而最初提供的圖像資料被稱為「訓練資料」（training data）。

為了活用這項技術，**人類必須思考的是「應該提供什麼訓練資料」**。在明確化自家商品的特徵、要銷售給誰等條件後，整備 AI 的學習環境。

❹ 投放廣告、藉 AI 活用

一邊運用廣告並同步計測成果。檢視 CPO 等指標的同時，控制廣告的投放。

AI 能辦到的事、人類能做到的事

在 AI 時代不得不思考的是判斷、區分 AI、人類的工作是什麼。

有行銷人員說「只要交給 AI 就沒問題」，但事實並非如此。

AI 辦不到、但人類做得到的事情有兩項。

❶ 手工作業……使用身體從事的活動

❷ 企畫……發想出某些新事物

以打算在 Google 或 Facebook 上投放商品廣告為例。

選擇適合 Google 或 Facebook 的使用者，顯示廣告。

接著，累積點擊廣告的人、購買商品的消費者等的相關資料。

AI 學習「是怎麼樣的人購買了商品」，其後，針對可能購買的人優先顯示廣告。依據 AI 的指示，人類以手工作業投放廣告。這是目前大致的流程，也連結到「交給 AI 就沒問題」的言論。

但是，光是這樣打不出能帶動利益的廣告。

AI 雖然知道「A 或 B 哪個好」，但是不明白「為什麼 A 好」「為什麼 B 不好」。當然也不會去思考「比起 A 或 B，難道不是 C 更好嗎」。

因此**企畫（創意發想）**很重要。

特別是規畫**差異化戰略**是必要的。

若認為「交給 AI 就沒問題」，會發生以下的狀況。

明明你打算針對「20 多歲女性」投放宣傳「起司蛋糕」的廣告，但也會把這樣的廣告丟給不喜歡甜食的「20 多歲女性」。另一方面，喜歡起司蛋糕的 40 多歲男性甚至沒有機會看到這則廣告。

理解 AI 的演算法，建立針對商品配對相應族群的戰略。這是人類的經驗值略勝一籌的領域。

具體而言，便是整備 AI 的學習環境。因為學習是憑藉機率而成立的，如果一開始衝刺時的轉換率有誤，這個錯誤的設定條件會一直持續下去。

若有茶飲 A 商品與 B 商品，假使讓 AI 學到了某一群人「喜歡喝茶飲」，卻沒學習到他們是「喜歡 A 的人」與「喜歡 B 的人」，這樣不論 A、B 都會採取同樣的廣告策略，而無法達成差異化的目標。

針對目標掌握關鍵的訴求方式

我們開始自行運用廣告的契機如下。

因為廣告代理商是由 1 個員工處理複數的顧客，所以無法深入理解單一商品。

而製作方深知商品的本質。讓 AI 負責廣告的重要部分，但應該由我們自己來執行商品本質的差異化。

AI 學習並呈現廣告的流程如下。

❶ 認知這個商品是怎麼樣的物品

❷ 學習什麼人會購買

❸ 找出這些人並呈現廣告

此時，AI 憑著最初的 20 人左右便決定概略。隨著如何決定這最初的 20 人，後續的行動也會產生重大的變化。希望各位讀者看圖片 3。

各位讀者覺得這個商品是什麼？

A 認為這個商品是「甜點」，打出了「這是非常好吃的甜點」的廣告。

因此最初配對的 20 人若是「喜歡甜點」，那麼 Google 或 Facebook 便會認知「喜歡甜點的人會購買這個商品」，優先將廣告投放給喜歡甜點的人。

在這種狀況下，不喜歡甜點的人便不會看到這則廣告。乍見之下這種做法非常有效率，但另一方面，銅鑼燒或巧克力蛋糕等，廣義上喜歡甜點的人也會看到這一則廣告。如此一來，這個商品就會和銅鑼燒或巧克力蛋糕競爭，產生了無益的廣告投放。

B 認為這個商品是「起司蛋糕」，打出了「這是非常好吃的起司蛋糕」的廣告。

若最初配對的 20 人「喜歡起司蛋糕」，則 Google 或 Facebook 便會認知「喜歡起司蛋糕的人會購買這個商品」，優先將廣告投放給喜歡起司蛋糕的人。喜歡銅鑼燒或巧克力蛋糕的人便不會看到這則廣告。

C 認為這個商品是「生起司蛋糕」，打出了「這是非常好吃的生起司蛋糕」的廣告。

配對的 20 人假如是「喜歡生起司蛋糕」的人，Google 或 Facebook 會優先將廣告投放給「喜歡生起司蛋糕的人」。如此一來，同樣喜歡起司蛋糕或是烤起司蛋糕的人就看不到這一則廣告了。

D 認為這個商品是「藍黴生起司蛋糕」，打出了「這是非常好吃的藍黴生起司蛋糕」的廣告。

配對的 20 人是「喜歡藍黴生起司蛋糕」者。如此一來，比起喜歡蛋

圖片 3 │ 這個商品到底是什麼？

糕，會以喜歡藍黴起司的人為目標，Google 或 Facebook 會學習到要以經常瀏覽起司網站的人為目標族群。

就像這樣，最初必須要由人思考「這個商品到底是什麼」才行。

判斷商品的特徵，設定最初的 20 人，讓機器學習。

若此階段能順利進行，便能有效率地投放廣告。若能夠理解 AI 的演算法並活用廣告科技，便可針對目標群眾訴求商品的關鍵重點。

透過心理變數資料，完全理解「購買理由」

許多的行銷人員是依據人口統計的屬性來設定目標族群。

另一方面，敝公司則是按照心理變數（psychographics）的屬性來設定目標族群。

◎人口統計資料……**基於顧客的性別、年齡、收入、單身／已婚等定量資料的變數**

◎心理變數資料……**顧客的生活方式（life style）、興趣、嗜好、價值觀等呈現內心層面的資料**

希望各位讀者參看圖表 44。

相對於人口統計資料是基於定量資料的變數，心理變數資料是呈現消費者內心層面的變數，這是兩者最大的不同。換言之，呈現「誰」購買是人口統計資料，呈現「為何」購買的是心理變數。

想像人類的消費行為，建立假說並進行目標設定。

例如，假設要針對智慧型手機用戶投放廣告。投放的時段不同，購買率也會有所差異。中午 12 點到下午 1 點的時段，點擊廣告後購買的比率高，

圖表 44 │ 人口統計資料與心理變數資料

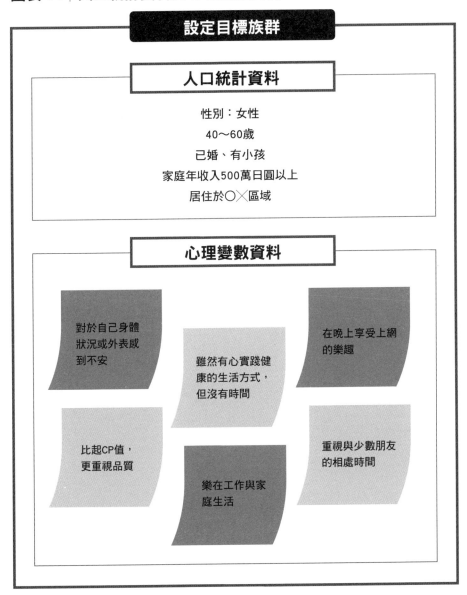

設定目標族群

人口統計資料

性別：女性

40～60歲

已婚、有小孩

家庭年收入500萬日圓以上

居住於○╳區域

心理變數資料

對於自己身體狀況或外表感到不安

雖然有心實踐健康的生活方式，但沒有時間

在晚上享受上網的樂趣

比起CP值，更重視品質

樂在工作與家庭生活

重視與少數朋友的相處時間

除此之外的時段並不高。這是為什麼？

雖然大家平時都會看智慧型手機，但在午休的時段點擊廣告後可以細看傳送傳來的網頁，若喜歡這項商品便會購買。

另一方面，除午休以外的時段，例如在乘坐電車通勤中即使看到相同的廣告，難以針對單一網頁集中注意力，因而不會選擇購買。

像這樣去思考**購買理由**至關重要。換言之，不是交由 AI 集中在購買率高的時段投放廣告即可，而是應該去思考「**為何在這個時段購買率高（低）**」。

這種思考理由的能力，只能仰賴一邊進行日常業務，同時磨練累積經驗才能得到。

再來就是，**不要不好意思、要勇於提問**。

因為人類行為已經被數值化了，若詢問「有這樣的行動，你認為為什麼」，目標族群能夠立刻回答。

下面這個例子很有名。有資料顯示在美國超市，一起購買尿布與啤酒的人非常多。即使你思考也不明就裡，但問負責收銀機結帳的人便可馬上了解。這是因為週末夫妻開車出門，整批採買重量重的用品。啤酒跟尿布之間雖然沒有關連性，但都具有「**重量很重**」的屬性。

因此那間超市，在週六、日設立了彙集啤酒、尿布、礦泉水、廁所衛生紙、米等**可一同採買的商品角落**，提升了銷貨收入。當事人或身處現場的人立刻就能知道原因，請踴躍發問吧。

以三贏的「快樂三角」為目標

至今我說明了敝公司著重「利益」的經營方式與行銷內容。

那麼，若每家公司都執行留意利益的數位商品行銷會如何呢？

首先，停止投放無益的廣告。

廣告是以競標方式來販售有限的廣告版面與檔期，若投放無益廣告的公司減少了，那麼競標價格會下降。如此一來，整體廣告費的行情都會下降。在停止無益廣告投放的階段，就能開始產生利益，若廣告費的行情可更進一步下降，則又會產生相應於費用減少金額的利益。

若以事業經營者（廣告業主）的立場而言，不僅利益率提升；若多數的公司都開始這麼做，則業界整體的利益率都能增加。

另一方面，若站在網路使用者的立場來思考，則無意義的廣告會減少。

使用者認為無利可圖的廣告沒有價值。隨著無意義的廣告減少，則使用者的使用感會更得心應手。如此一來，使用者使用網路的視聽時間會增長，媒體可以銷售的廣告時段增加，銷貨收入也會提升。

當事業經營者（廣告業主）開始執行關注利益的數位商品行銷，所有同業者、使用者、媒體三方都會受益而產生利益。這就是所謂的**快樂三角**（happy triangle）。

我也會對同業演講。某種意義上大家雖然是競爭者，但若每一家公司都開始留意利益，則不論對敝公司或同業者來說，都是好事。

同業若停止無益的廣告投放，不僅同業者的利益會提升，廣告費的行情會下降，所以對敝公司來說是有益處的。

2 成為代表日本的次世代全球化製造商

以代表 D to C 的公司成為世界品牌

敝公司以股價上升率日本第一（2017 年股價上升率 1,164%：股價 125 日圓→1,455 日圓）的超效率經營為目標，「打造好到讓人吃驚的商品」「以不跟流行風潮為方針」「世界最高峰的網路行銷集團」。

今後我們所揭櫫的願景，是成為代表日本的次世代全球化製造商。

提到全球性的消費財製造商，有雀巢（Nestle）、P&G、嬌生、聯合利華（Uniliver）、家樂氏（Kellogg）、通用磨坊（General Mills）、百事可樂、可口可樂等。我們希望可以躋身這樣的全球性製造商之列。

截至目前為止的全球性製造商，都是靠實體商店流通商品成立的。

但是，從現在開始，是以 D to C 商業模式成為全球性製造商也不奇怪的時代。現在，已經是這樣的事情可以發生在世界上的世道了。我們想要以 D to C 代表的身分成為全球性製造商。

現在的品牌雖然是「北乃快適工房」，但我們不會在世界各地推廣此品牌，而是針對各國分別設立品牌。

敝公司的強項，在於開發能夠解決顧客煩惱的商品並直接進行銷售。目前是以日本人為對象來進行商品開發。

比起將目前商品原封不動地帶到美國去銷售，我們認為針對美國人的煩惱進行商品開發才是較佳的方案。針對市場打造商品，始於日本的網路銷售

商業模式則是經營的骨幹。

在美國亞馬遜銷售日本商品

那麼，該如何找出顧客的煩惱呢？

我們在公司內部會議會舉出形形色色的煩惱，並調查是否有解決這些煩惱的商品。

若檢視日本雅虎上的知識分享頁面「Yahoo 智慧袋」等網路煩惱諮詢網站，可以分為已有既有商品可以解決這些煩惱，或者是尚未出現這些商品的狀況。

同時，我們也會調查這些煩惱被以關鍵字搜尋的頻率。

將煩惱視為「需求」時，觀察相對於此需求有多少供給量存在，若供給尚不足以應付需求，則會檢討是否進行商品開發。以上的工作方式在進軍海外市場時應該也不會改變吧。

我們很明確區隔出來的是在「網路上」。

我們觀察能否在網路上銷售解決美國人煩惱的商品，而非去熟悉美國的實際生活狀況。反過來說，基本上我們也只會在網路上調查。

舉例而言，假設我們打算在美國的亞馬遜網站上販賣商品。

在這個狀況下，我們會調查當地亞馬遜銷售怎麼樣的商品、這些商品有什麼評價等。

若要在美國的亞馬遜銷售，則徹底調查美國亞馬遜是最佳策略。比起到當地訪問消費者，去調查他們在網路上的行動更為重要。因為網路上的亞馬遜，才正是購買商品實際行為的發生地。

實體與網路的行銷調查方式

針對消費者進行實際的行銷調查與在亞馬遜上調查，所得出必要的商品結論會不同。

舉例而言，若是銷售北海道特產，在新千歲機場販賣的商品與網路上販賣的商品便完全不同。

在新千歲機場顧客購買商品時是怎麼樣的狀態呢？

想必大家結束北海道旅行踏上歸途，所以心情十分興奮。「在北海道玩得真開心啊！買點什麼，當成回憶吧」的狀況，因此「具有北海道特色」必不可少。

另一方面，在網路上購物時又是何種心理狀態呢？

因為並不是去旅行，所以心情上不會太興奮。在新千歲機場可能會衝動購買螃蟹，但在網路上的話就會仔細貨比三家。

鱈場蟹、楚蟹與毛蟹哪個才好？那松葉蟹、越前蟹跟上海蟹比較下來又會如何等等，雖然是計畫要上網買北海道特產，但也會對其他地區的特產動心。換言之，會冷靜、檢討、比較品質或價格之後才購買。這在某種意義上來說，是很嚴格的。與實體銷售不同，在網路銷售上，「**經過比較檢討後到底會不會買**」是很重要的。

關於此點，網路銷售的消費者會認真地閱讀商品說明書。

例如，敝公司健康食品的競爭商品在藥妝店販售。在藥妝店，有名製造商的品牌商品大肆陳列。因為消費者是購買品牌，所以幾乎不會閱讀說明書就下手購買。

另一方面，在網路銷售能夠以文字說明商品的各項細節。若對品質有自信，只要好好寫說明書就可以了。

目前我們雖然是以日本為中心經營，但接下來要透過 GAFA（Google、亞馬遜、Facebook、蘋果）的品牌平台進軍全世界。

現在，透過網路投放廣告時，廣告媒體雖然多如牛毛，但我們也同時在累積活用進軍海外品牌平台的 know-how。

呼應企業成長階段的利益戰略

目前我們正在挑戰單一商品銷貨收入 50～100 億日圓的大眾市場（mass market）商品開發。若要以銷貨收入 1,000 億日圓的公司為目標，比起累積利基（小眾）商品，發售數種大眾市場商品更為有利。雖然競爭會增加，但若是商品具有明確優點，依然能夠維持利益率。

但若公司銷貨收入未滿 100 億日圓或在 100 億日圓以上，那麼思考事業經營的方式也會完全不同。

如同第 4 章提及的，在銷貨收入未達 100 億日圓時，我們是以**獨占利基市場的戰略**一路走來。

我們以中小企業難以模仿的高品質、投入大企業難以參戰的小規模市場。大市場競爭很多，相對於銷貨收入 100 億日圓的目標會耗費許多成本。

小市場競爭少，銷貨收入只能成長到 10 億、20 億日圓左右的程度，因為不耗費競爭成本，利益率很高。藉此達成了銷貨收入 100 億日圓、利益 29 億日圓的目標。

但是，靠這個方法要將銷貨收入推升到 1,000 億日圓很困難。

接著，我們的目標是投入以單一商品銷貨收入 100 億日圓的市場。

這巨大市場有如洗髮精、護手霜、多合一護膚凝膠（gel，濃縮所有護膚需求的凝膠）等產品。至今為止，我們雖然幾乎拿下了利基市場，但今後也

要併行獲取一部分大眾市場的戰略。

目標族群設定為在第 5 章提及「創新擴散理論」的 2.5% 革新者與 13.5% 早期採用者，兩者合計為 16%。

這樣能夠以相對低的成本擄獲這些族群。在總值數千億日圓的市場中，即使市占率不高，也可以維持高利益率。例如，假設洗髮精市場有 1,000 億日圓，革新者與早期採用者市場共有 160 億日圓。打造複數有如此市值的商品，以銷貨收入 1,000 日圓為目標。

當然，品質如同至今所述是敝公司的大前提。暢銷潮流雖是始於革新者與早期採用者，但為了「吸睛」，讓對商品造詣極深的這兩個族群採取行動，必須要打造出讓他們讚不絕口的商品才行。

改變人生的「NTT 電話卡」事件

我開始對行銷產生興趣，是在讀高中的時候。

我偶爾會閱讀父親購買的商業雜誌。我在雜誌上讀到了**為了提高「電話卡」收益所採取的「操作」**。

當時，公共電話只能每 3 分鐘投一次 10 日圓的硬幣。若要長時間使用，便要叮叮咚咚地準備很多硬幣。其中，NTT（當時的日本電信電話公社＝電電公社）販售一張 500 日圓的預付電話卡，只要插入公共電話便可長時間通話。因此，大大提升使用者的便利性。

但是，對 NTT 而言，即使同為 500 日圓的通話銷貨收入，會產生以下兩種狀況。

以硬幣支付：使用電信線路的成本

以電話卡支付：使用電信線路的成本+電話卡銷貨成本→利益減少

因此 NTT 逆向思考，想出了「如果買了電話卡只要不使用，就不會耗費電信線路成本。收益性便會增加」的點子。

這便是「把電話卡當成收藏品的戰略」。

因此，NTT 採取的措施，一開始發行的是灰色、呆板且缺乏設計感的電話卡。

即使如此，比起硬幣大家使用電話卡還是更方便，所以非常暢銷。許多人是以「使用」為目的而購買。

而後，當大家習慣了這樣的電話卡之後，NTT 趁此機會推出了由藝術家岡本太郎所設計的 4 款不同電話卡。這成了暢銷商品。

此時，人們不是為了「使用」，而是為了「收藏」而購買。

此後也持續發售如同偶像的肖像小卡一樣，「不是使用，而是讓人想收集」的電話卡。當然這只是我憑感覺所推估的，這世界上大概有 2～3 成的電話卡都在沉睡吧。這全部都成了 NTT「不耗費電信線路使用成本的銷貨收入」。

這篇報導對我產生極大衝擊。

我得知自己手邊印有偶像照片的電話卡，是因為 NTT 的操作而在未使用的狀況下被我保存至今。對於高中生而言，這是發現「這個世界是成立在各種操作之上」的瞬間。

因此，我變得開始會去思考全部的所見事物「是在何種操作之下變成如此」。**看出有什麼樣的操作，便能改變看世界的角度。**

然後，這世界就突然變得有趣了起來！

從那個時候開始，這個世界看起來變成是**非常有趣的遊樂園**。

要產出暢銷商品，必須要成為具備以下 3 項要素的製作人才行。

❶ 對於商品、製品等對象物品有極深的造詣

❷ 對於消費者抱持敬畏之心

❸ 精通世上的「操作」手法

雖然我不知道現今的自己可以兼具三者到何種程度，但至少今後也想持續精進、打磨這三要件。

連動五階段利益管理的項目與執行策略

今後我也將持續推動林林總總的行銷策略，但成敗要經常藉由數值加以判斷。

這個立場至今、從今往後都不會有所改變。重要的數值有 2 個。

◎ KPI（關鍵績效指標：計算量化目標達成度的指標）

◎ KGI（關鍵目標達成指數：測定最終目標達成與否的指數）

為了設定適當的 KPI 並加以計算，必須要深究如何取得哪些相關數值、如何進行分析。如此一來才能夠著手進行測定量化系統的開發。

而在最終設定適當的 KGI 時，要設計為能夠增加「**營業利益**」。

若要深入考量營業利益，不僅是行銷成本，而是**即使計算連動的行銷管理費用或人事費用，也應該要找出成本效益比最高的策略**，這就是所謂的「經營管理」工程。

在本書中，我提出了五階段利益管理，並連動思考了其中的項目與經營策略之間的關係。

今後也將持續進行有效提升利益的策略。

若企業規模隨之擴張成長，肩上的責任也會相應加重。

我打算持續提升利益、延長「無收入壽命」，打造可永續經營的企業。

後記
E P I L O G U E

非常感謝各位讀者讀到最後。

高利益率不是光靠老闆 1 人就可以辦到的。

員工是正確理解利益所代表的意義，並採取相應行動的珍貴寶物。

因此，我對於新鮮人員工或轉職而來的員工，進行「利益為何存在」的研習會，如同第 2 章所述。而在之後的日常業務中，員工會將利益的概念放在腦中、執行工作。

隨著進行五階段利益管理，我們乾脆放棄對利益無所貢獻的工作，每天精進改善。

如此一來，只會留下對利益有所貢獻的工作。

若有思考提升銷貨收入策略的員工，我則拋出「這對利益是否有所貢獻」的提問。若有可能進行無效益投資的員工，我則會提出「這項投資要何時、投資到什麼金額，才可以開始回收」的問題。

在削減成本上，我們重視的是時間。

將時間花在浪費無益的事情上，就等於無益而浪費地使用人事費用。

在五階段利益管理中，這相當於「ABC」項目。

我經常跟員工提到，為什麼老闆以計程車代步？

不是因為老闆很偉大，所以搭計程車。

敝公司 1 個月約可產生 2 億日圓的利益。為了產出 2 億日圓的利益，老闆擔任總司令的角色。也就是說，若換算成營業時間，每 10 分鐘可以產出

約 20 萬日圓的利益，所以為了要有效利用這 10 分鐘，比起電車、搭計程車是更佳方案。有效活用搭乘計程車的時間，對利益更能有所貢獻。

另一方面，若是搭乘飛機的話，則因為不管坐頭等艙或經濟艙，都是花同樣的時間，所以搭經濟艙就可以了。

時間與金錢的話題，我每次都不厭其煩地跟員工耳提面命。

例如，比與我約定的時間晚到 10 分鐘的員工，我會說「現在你浪費了公司利益 20 萬日圓喔」。

確認製作物時，不小心犯下了錯誤，如文字訂正上若花了 10 分鐘左右的時間，我會說「現在等於花了 20 萬日圓的成本在修正文字喔」。

我平常就會不斷將人事費用、機會損失換算成金額來進行溝通。

敝公司的信條中有一項是「靈光一閃就要即知即行」。

我會注意到這個「靈光即行法則」，是在瑞可利工作的時候。

我在跑業務時，跟好幾個中小企業的老闆談話，有點自大傲慢地認為對方「不是那麼厲害的人」，覺得自己能夠與他們平起平坐地交談。

但是，我想到「等一下」。

「這些老闆明明全都很成功，我不過是 1 個小小的上班族，差別到底在哪裡」

某次我注意到了。

253

若我跟老闆提到「如果做這樣的事情應該會很有意思吧」，下次再見面的時候，老闆已經付諸行動了，而且會跟我說：「這個點子雖然很好，但不行。」

而我光耍嘴皮子，沒有實踐。老闆雖然很忙，但會立刻付諸行動。

我試著問對方為何做得到。他說：「因為靈光一閃就要即知即行。跟你談話，感覺到如果做這樣的事情會很有趣。在你離開的瞬間，就要付諸行動。若建立起靈光一閃便付諸行動的習慣，產能也會增加」。

從此，我培養起靈光一閃即知即行的習慣。如此一來，工作的產能成了4、5倍。

我們在公司內部研修時，也會執行「靈光即行法則」。

應當做的事情若出現，就建立起「做得到的事情要現在立刻去做」「無法立刻做到的事情，要現在立刻決定何時去做」的習慣。

若培養這樣的習慣，不論是誰可以負擔的產能都會變成3、4倍。

敝公司之所以能夠達成高收益目標的所有祕密，至此我都已全部坦誠相告。毫無吝惜與保留。

之後，就只剩下你憑藉「靈光即行法則」起身實踐而已了。

億萬社長高獲利經營術

作者	木下勝壽
譯者	方瑜
商周集團執行長	郭奕伶
視覺顧問	陳栩椿
商業周刊出版部	
總監	林雲
責任編輯	林亞萱
封面設計	Javick 工作室
內文排版	菩薩蠻數位文化有限公司
出版發行	城邦文化事業股份有限公司 商業周刊
地址	104 台北市中山區民生東路二段 141 號 4 樓
	電話：(02)2505-6789　傳真：(02)2503-6399
讀者服務專線	(02)2510-8888
商周集團網站服務信箱	mailbox@bwnet.com.tw
劃撥帳號	50003033
戶名	英屬蓋曼群島商家庭傳媒股份有限公司城邦分公司
網站	www.businessweekly.com.tw
香港發行所	城邦（香港）出版集團有限公司
	香港灣仔駱克道 193 號東超商業中心 1 樓
	電話：(852) 2508-6231　傳真：(852) 2578-9337
	E-mail：hkcite@biznetvigator.com
製版印刷	中原造像股份有限公司
總經銷	聯合發行股份有限公司 電話：(02) 2917-8022
初版 1 刷	2022 年 7 月
初版 4 刷	2023 年 4 月
定價	380 元
ISBN	978-626-7099-57-5（平裝）
EISBN	9786267099612（EPUB）／ 9786267099629（PDF）

URIAGE SAISHOKA, RIEKI SAIDAIKA NO HOSOKU
by KATSUHISA KINOSHITA
Copyright © 2021 Katsuhisa Kinoshita
Traditional Chinese translation copyright ©2022 by Business Weekly, a Division of Cite Publishing Ltd.
All rights reserved.
Original Japanese language edition published by Diamond, Inc.
Traditional Chinese translation rights arranged with Diamond, Inc.
through AMANN CO., LTD.

國家圖書館出版品預行編目(CIP)資料

億萬社長高獲利經營術：電商老闆賣愈少、賺愈多，還能活過零營
收的祕密/木下勝壽作；方瑜譯. -- 初版. -- 臺北市：城邦文化事業股
份有限公司商業周刊, 2022.07
256面；17×22公分
譯自：売上最小化、利益最大化の法則──利益率29％経営の秘密
ISBN 978-626-7099-57-5(平裝)

1. CST: 企業經營 2. CST: 商業管理

494　　　　　　　　　　　　　　　　　　111009254

金商道

The positive thinker sees the invisible, feels the intangible,
and achieves the impossible.

惟正向思考者，能察於未見，感於無形，達於人所不能。 ── 佚名